餐饮行业职业技能培训教程

面点制作教程

第二版

张定成 主编

中国轻工业出版社

图书在版编目（CIP）数据

面塑制作教程 / 张定成主编. —2版. —北京：中国轻工业出版社，2023.1

餐饮行业职业技能培训教程

ISBN 978-7-5019-9087-0

Ⅰ. ①面… Ⅱ. ①张… Ⅲ. ①面塑—装饰雕塑—技术培训—教材 Ⅳ. ①TS972.114

中国版本图书馆CIP数据核字（2012）第280154号

责任编辑：史祖福

策划编辑：史祖福　　责任终审：劳国强　　封面设计：锋尚设计

版式设计：锋尚设计　　责任校对：晋　洁　　责任监印：张　可

出版发行：中国轻工业出版社（北京鲁谷东街5号，邮编：100040）

印　　刷：艺堂印刷（天津）有限公司

经　　销：各地新华书店

版　　次：2023年1月第2版第7次印刷

开　　本：889×1194　1/16　　印张：7

字　　数：160千字

书　　号：ISBN 978-7-5019-9087-0　定价：42.00元

邮购电话：010-85119873

发行电话：010-85119832　010-85119912

网　　址：http://www.chlip.com.cn

Email：club@chlip.com.cn

KG1465-121028

前言

PREFACE

面塑在我国有着源远流长的历史，是中国民族文化艺术百花园中一朵璀璨的奇葩。它是烹饪工作者用以美化宴席、追求美食的一种造型艺术形式。不仅能够烘托宴会主题，活跃宴会气氛，还会使宾主赏心悦目，让大家得到精神上的享受。面塑作为一种艺术和技艺备受人们的青睐。

近年来，广大烹饪工作者为全面提高自己的厨艺，迫切要求掌握面塑技法。面塑在餐饮业中广泛应用的同时，作为一项民间艺术，也越来越受到人们的欢迎。面塑已经可以作为一个独立项目来开展学习和经营的活动，来实现面塑的艺术价值、社会价值和经济价值。

许多初学者质疑，学习面塑技艺是否要有绘画和雕塑的基础？编者在多年的教学实践中体会到，其实制作面塑是有一定步骤的，在技巧学习上需要循序渐进，经过一段时间练习，初学者也可以做出色彩丰富、造型美观的作品，并激发出创作的潜能。

本书在第一版的基础上从面塑基础、技法和运用方面，对各种代表性作品的塑造方法、技巧和运用范例等作了较为详尽的阐述，并配以彩色图片演示过程。将第一版中的初级面塑制作方法删除，引进了工艺面塑的制作技法展示。因此，具有较高的参考和实用价值。

希望借助此书的出版能对读者有所裨益，也乐意与同好者相互切磋。若有未尽完善之处，恳请读者不吝赐教。

目录

CONTENTS

面塑基础知识

（一）面塑分类.. 8

（二）面塑面团配方表..9

（三）面塑面团的制作过程......................................9

（四）面塑面团颜色的调配......................................9

（五）面塑工具的使用..10

（六）面塑基本技法..12

（七）面塑作品的保存常识......................................15

（八）面塑制作的常见问题......................................15

面塑制作方法

（一）中级面塑制作方法..18

卡通鼠..18

白龙马..19

人物五官..20

童趣..23

仕女..26

美人鱼..29

观音..31

目录

CONTENTS

（二）高级面塑制作方法..34

龙回首..34

龙摆尾..36

福星..37

关公..40

孙悟空..45

猪八戒..49

沙僧..52

唐僧..54

东方人物肖像..56

西方人物肖像..58

目录

CONTENTS

面塑作品欣赏

花卉 61
十二生肖（卡通造型） 63
人物 66
九龙 92
十八罗汉（微雕） 96
花生婴儿（微雕） 101
仿翡翠白菜 101
仿玛瑙 102
仿玉雕 102
仿象牙雕 103
仿漆雕 104
西天取经 105
秋翁遇仙记 106
长空舞 107

附录

人体比例常识——头部 108
人体比例常识——全身 110
人物面部的各种表情 112

面塑基础知识

（一）面塑分类

盘饰面塑：盘饰就是餐盘边上的装饰，都是一次性使用，而且要求成形速度快，所以一般只制作简单人物、动物、花卉之类，所用材料也都是可以食用的，如食用色素，不会对菜品造成污染的材料。

1 船点与面馍

船点起源于苏、杭一带，点心色彩丰富，象形多为瓜果、蔬菜等。其制作讲究，面团大多使用澄面加油和开水烫成半熟后揉匀，上色包馅，成形模样可以假乱真，能为宴会增加不少气氛，展现厨师的技艺水平。

面馍源于西北农村，多为发面和干果所制成。作品做成一定的模样蒸熟后，再用食用色素描绘出各种吉祥图案，多用于婚庆、寿宴、祭祀。

2 棒上面塑

棒上面塑起源较早，主要由民间艺人现做现卖，多是一些儿童喜爱的各种动物和动画人物等，俗称捏面人。作品多数制作在竹签上或铁丝环和纸板上，形态逼真可爱。

3 收藏面塑

收藏面塑与众不同，它的要求比较高。作品要求制作精细，题材丰富，更要有收藏价值。收藏面塑发展较快，如道教人物作品“八仙”，佛教人物“十八罗汉”等，都属于收藏面塑。

4 微雕面塑

微雕面塑分为核桃面塑和花生壳面塑，它的技艺要求极为苛刻，主要是在壳内做出各种类型的人物情景，同时人物表情丰富、传神，技法细腻，精湛。

5 肖像面塑

肖像面塑是近些年发展起来的新品种，形式有现场塑像和照片定做两种，现场塑像的特点是快、准，一般需要30分钟左右完成。根据照片定做要求把平面的照片做出立体的效果，这需要一定的解相能力，作品较为精细逼真。肖像面塑颇受现代人的喜爱。

面塑还可以仿玉雕、仿象牙雕、仿漆雕、仿玛瑙雕，制作出来的作品相当逼真。

（二）面塑面团配方表

配方种类	配方	适用范围
配方一	面粉400克，糯米粉100克，添加剂60克，甘油100克，水300克	此配方制作的面团可塑性强，适合制作人物、动物等面塑
配方二	面粉300克，糯米粉200克，添加剂60克，甘油100克，水300克	此配方制作的面团延展性强，有筋力，适合制作人物的衣服等
配方三	澄面200克，生粉100克，添加剂60克，甘油100克，水480克	此配方制作的面团透明度高，适合制作透明的衣物等

（三）面塑面团的制作过程

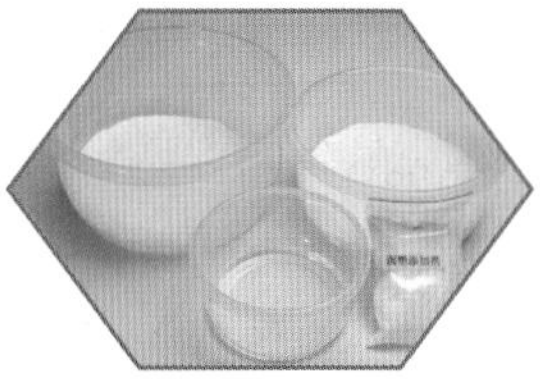

1 面粉、糯米粉、甘油、添加剂、水

2 粉加糯米粉

3 加面塑添加剂拌匀

4 加甘油

5 加水

6 拌匀

7 揉光

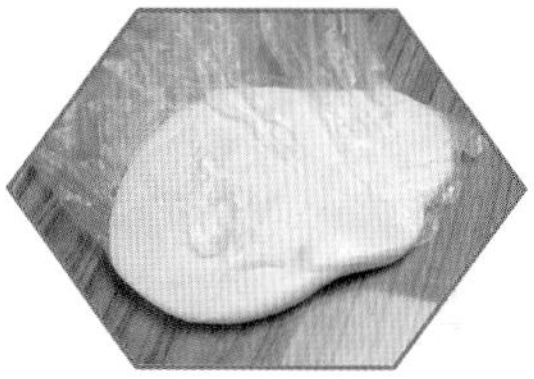

8 装入袋中压成饼

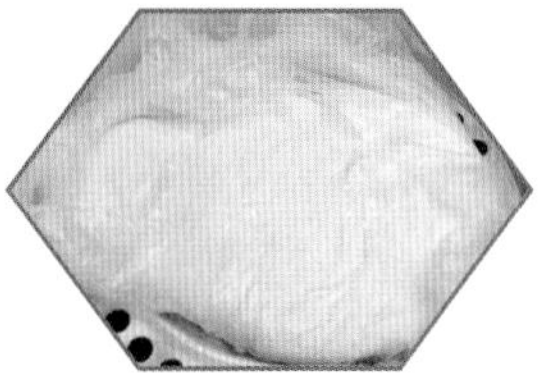

9 上锅蒸25分钟，取出晾凉

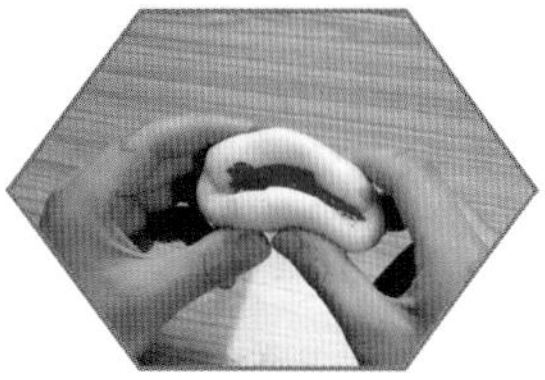

10 加入颜料

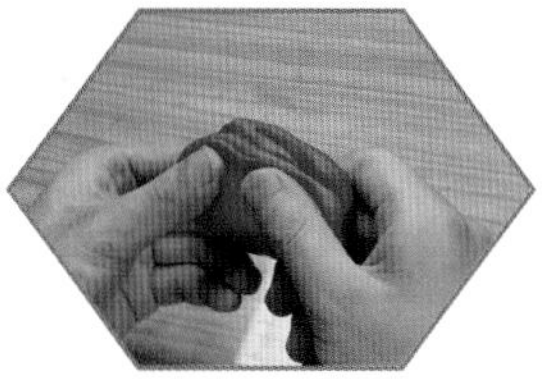

11 揉匀

（四）面塑面团颜色的调配

面塑面团所用的颜料一般是能够被水溶解的颜料，即水解颜料和油性颜料。餐饮所用的作品一般都使用食用色素，这种食用色素颜色鲜艳、色度较浓，但容易褪色，也容易互相串色。作为收藏的作品最好还是使用广告色或国画色。

面塑面团颜色分为八种原色面和一种基本面（即没有上色的本色面），调配色彩面团的基本方法是：取一块本色面加入适量颜料，反复搓揉直到颜色均匀即可。

带颜色的面团互相调配又可产生间色面团，例如：红色与黄色调配可以产生橙色面团；蓝色与红色调配可以产生紫色面团；黄色与蓝色调配可以产生绿色面团。掌握了原色面和间色面的调配，在使用面团时就可以方便灵活、使色彩丰富。面团颜色调配比例如下表：

面塑面团颜色调配比例表

原色 调后颜色	白	黑	红	蓝	黄	绿	橙	桃红	本色
肉色	2		1		1				6
肉粉色	3				1			2	4
棕色		7	3						
灰色	7	3							
淡绿					6	4			
绿色				3	3				4
紫色			4	6					
橙色			3		3				4
深蓝		1		5					4
[illegible]		1	5						4
橙黄	2						2		6

（五）面塑工具的使用

1 塑刀

塑刀分为1号、2号、3号，老一辈艺术家称为“拨子”，其材料多为有机玻璃或不锈钢制成，也有用牛角制成的。但最好不用竹或木制作工具，因为它容易和面团相互粘结。

塑刀长度为15厘米，两端是各种不同的刀口，面塑的大部分制作过程都是利用塑刀来完成的，如人物脸部、身体、衣纹等。

2 扦子

扦子的材料同塑刀一样，长度为16厘米左右，一端是尖圆状，一端是圆头状，大部分人物头部的制作由扦子来完成的，如挑鼻子、压眼窝等精细部位的制作。

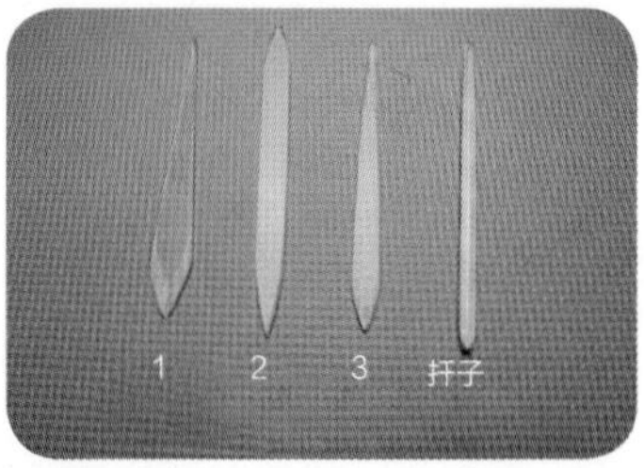

塑刀与扦子

3 剪刀

小型剪刀适用于做人物头发胡须、手脚的制作；大剪刀适用于做人物的衣服、飘带。剪刀多为不锈钢材质的。

4 梳子

梳子适用于做人物的衣纹、胡须、仕女项链、头饰或小竹筐、武士盔甲纹等，是最佳的辅助工具。

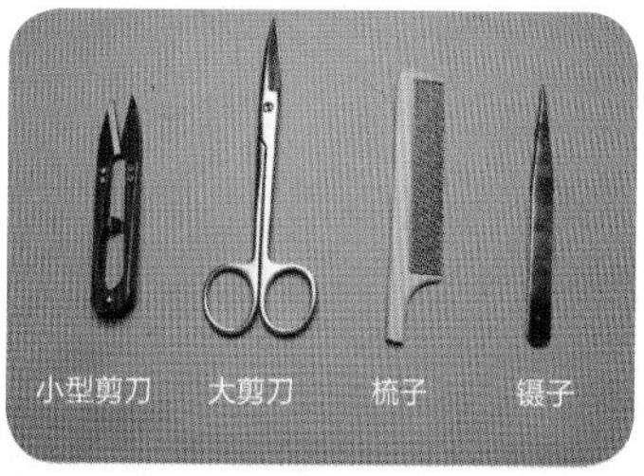

剪刀、梳子、镊子

5 镊子

镊子多使用在仕女头饰、项链的粘接、精细部位的接装等。

6 毛笔

特制微型毛笔用做人物衣纹领边的描画；扁型毛笔使用较广，在面塑制作过程中用来给作品补充水分。

7 竹签

竹签在面塑制作过程中可称为骨架。塑造一些完善的面塑造型，基本上是在竹签上完成的，它起到了支撑的作用，又不至于使作品变形摊坏。作品完成后，不要马上把签子拔出，可等到面塑作品稍硬后再将其转拉出来，而有的作品也可不用竹签，如蔬菜、瓜果、简单动物等。

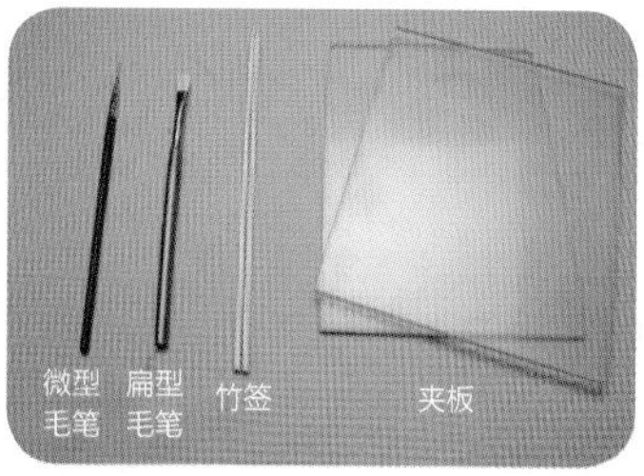

毛笔、竹签、夹板

8 夹板

夹板在面塑中使用比较广泛，材质可以用有机玻璃板制作。多用在制作花朵时压花瓣、做人物时压衣服片、做人物装饰时搓细线和项链搓细条等。

9 不锈钢丝

不锈钢丝用于制作大型作品时扎架子用，如制作龙、四季花仙等作品。

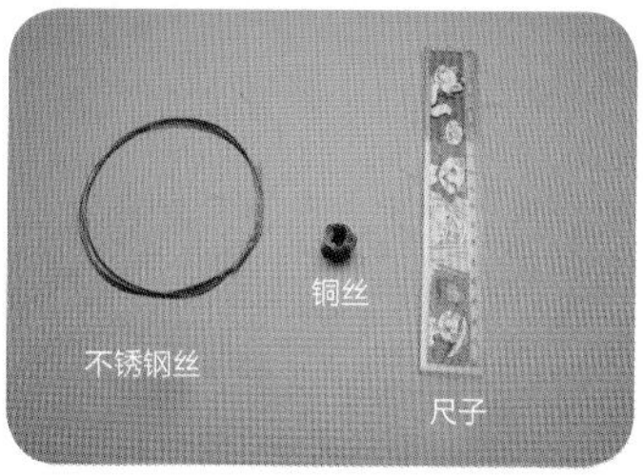

不锈钢丝、细铜丝、尺子

10 细铜丝

细铜丝一般用在制作肖像时做眼镜，仕女装饰时做扇子。

11 尺子

尺子在面塑中多用在测量人物的比例。

12 指甲油

指甲油用在作品完成后的上光。

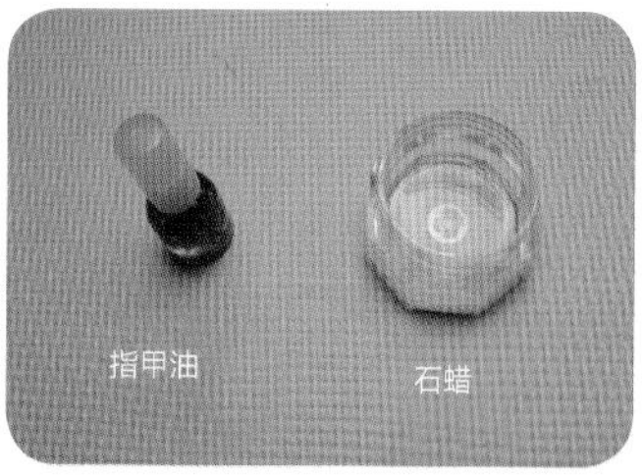

指甲油、石蜡

13 石蜡

石蜡在面塑中使用比较广泛，做人物衣服时压片，揉面时可防止粘手。

乳胶、彩珠

14 乳胶

乳胶用于作品粘接。

15 彩珠

彩珠用于仕女作品装饰和点缀。

广告色

16 广告色

广告色是面塑颜料之一。

17 丙烯色

丙烯色用于作品的后期描绘。

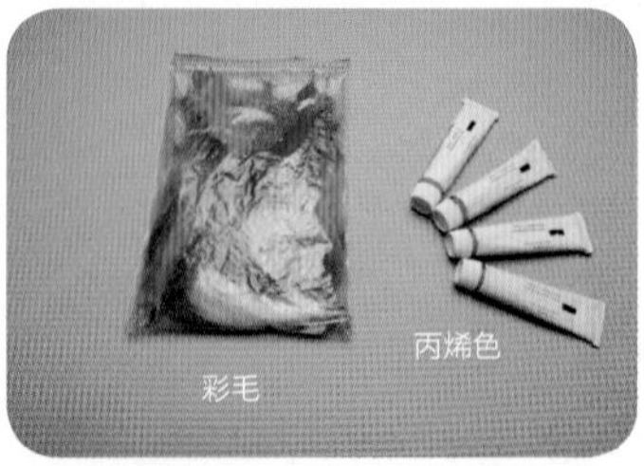

彩毛、丙烯色

18 彩毛

彩毛可用于装饰小鸟和仕女的头饰。

19 添加剂

添加剂是面塑制作中不可缺少的原料，可防止面团变质，作品干裂。还可以使作品有更好的质感。同时可让面团增加可塑性，使用过程中可防止面团粘手。

添加剂

20 甘油

甘油放入面团中起到保湿的作用，无色透明可代替蜂蜜使用。

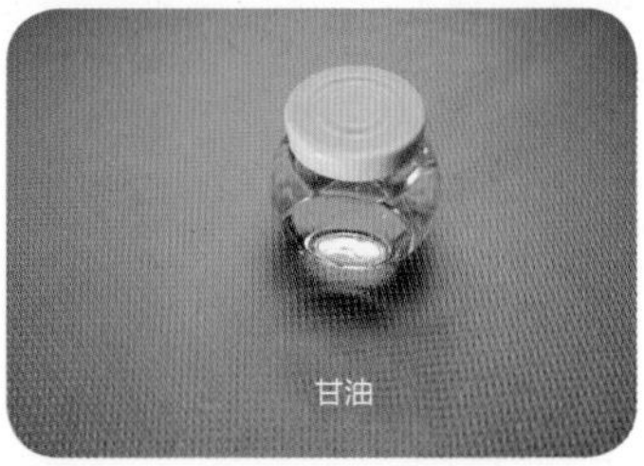

甘油

（六）面塑基本技法

1 搓圆

技法要点：两手顺着一个方向搓，开始稍用一点力然后慢慢减轻力量，直至搓到面团表面有光泽为止。

适用范围：此技法使用比较广泛，例如做各种动物身体或人物头部等。

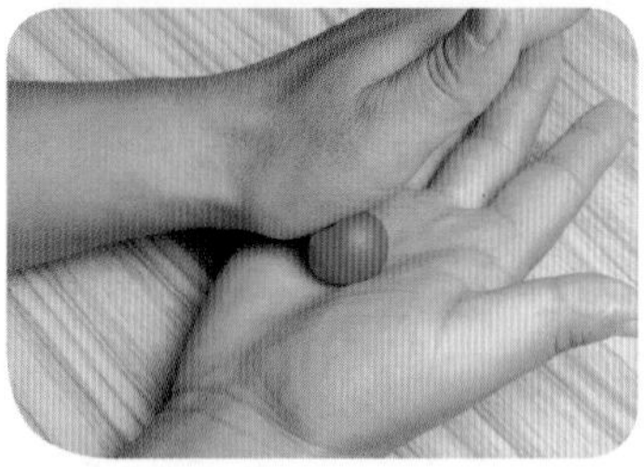
搓圆

2 搓彩条

技法要点：各种颜色的面团要搓成粗细一致的条形，搓时一定要顺着一个方向搓，切记不能来回地搓。

适用范围：此技法主要适用于制作鸟类的翅膀和尾巴，另外还可以给人物做围巾之类的装饰等。

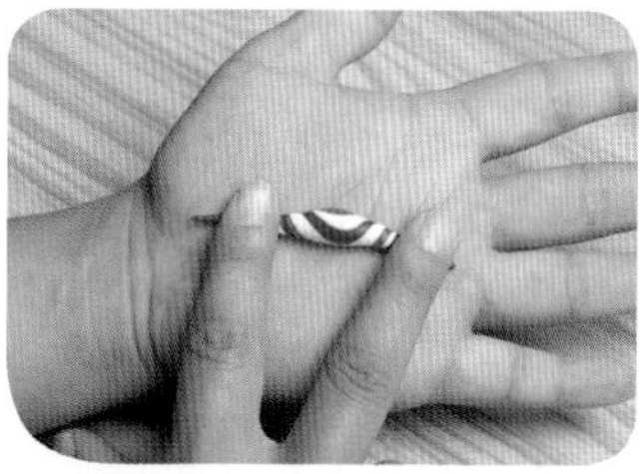
搓彩条

3 摁

技法要点：根据所做面塑的特征决定用力大小。

适用范围：此技法一般在制作人物头部开脸时使用。

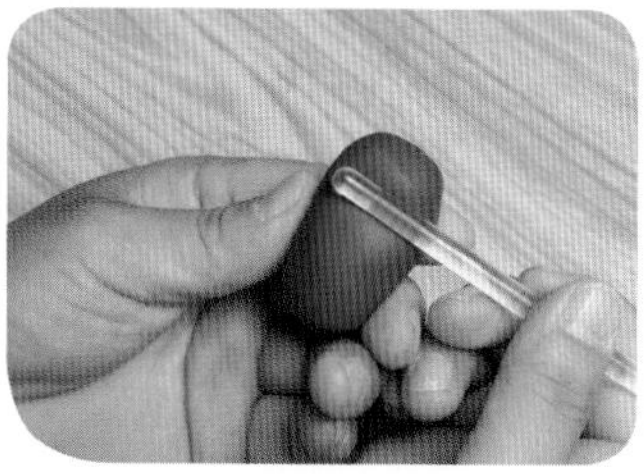
摁

4 滚挤

技法要点：挤面用力要均匀，注意塑造凸起的高度。

适用范围：此技法多用在塑造人物鼻子。

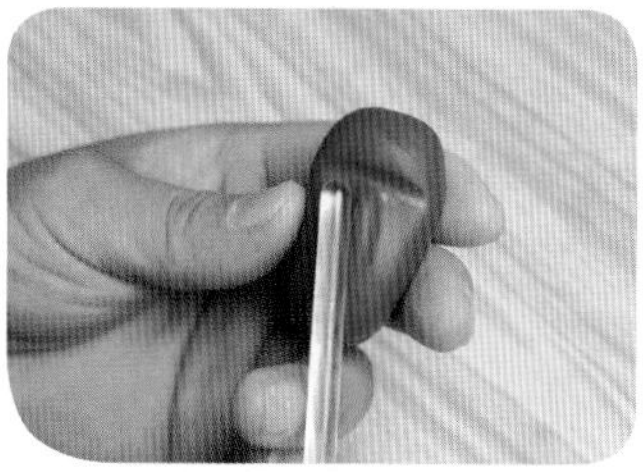
滚挤

5 拍

技法要点：用力要均匀，所拍的片要求平整光滑。

适用范围：多用于制作衣物时拍片等。

6 挑

技法要点：用力要轻，注意被挑部位凸起的高度。

适用范围：适用于制作人物时挑鼻梁等。

7 拨

技法要点：用力不可太大，注意被拨作品的形状。

适用范围：用于制作人物和动物的耳朵等。

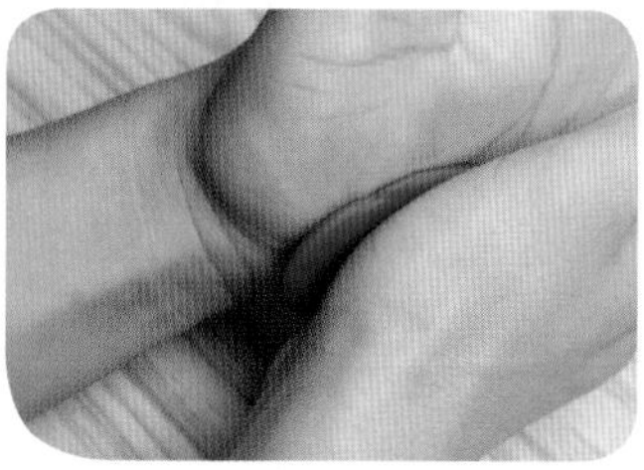
拍

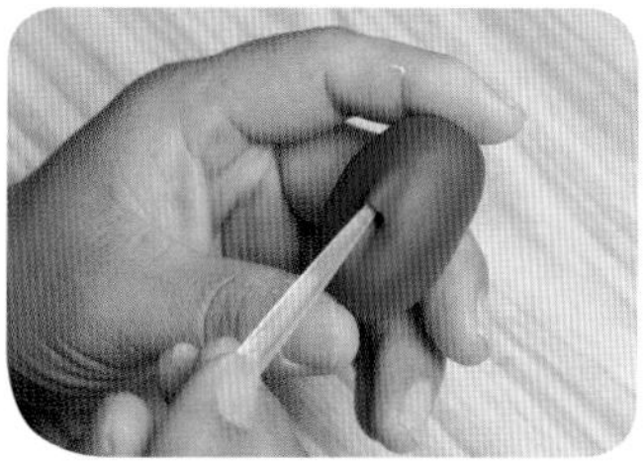
挑

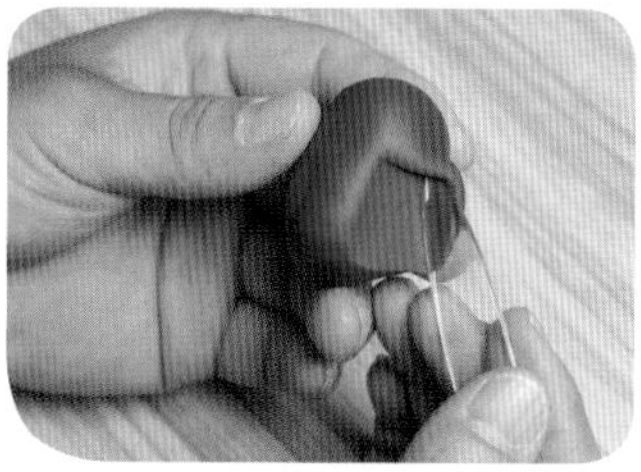
拨

8 叠捏

技法要点：叠捏面团时内部没有空气，面团手感细腻即可。

适用范围：用在面团调色，制作作品之前面团的前期处理。

9 擀

技法要点：左右用力均匀，擀时一般要前后用力。

适用范围：适用于制作人物时擀制衣服等。

10 转滚

技法要点：用力要适中，滚制时还需要上下转动扦子。

适用范围：用在人物开脸，作品对接时滚平接缝等。

11 划切

技法要点：在夹板上划切时用力不可太大。

适用范围：适用于制作人物衣服的压片等。

12 剪

技法要点：使用剪刀时一定要注意剪刀的清洁，否则会影响作品的形状。

适用范围：适用于裁剪衣服片、头发等。

13 刮

技法要点：根据作品的需要刮粗或刮细，要求均匀一致。

适用范围：适用于制作简单的花卉或仕女头部。

14 双层刮

技法要点：根据作品的需要刮粗或刮细，要求均匀一致。

适用范围：适用于制作桃花、仕女头饰和服饰等。

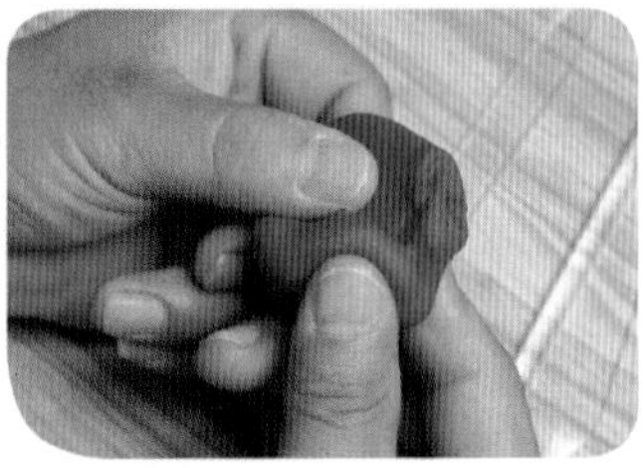

叠捏

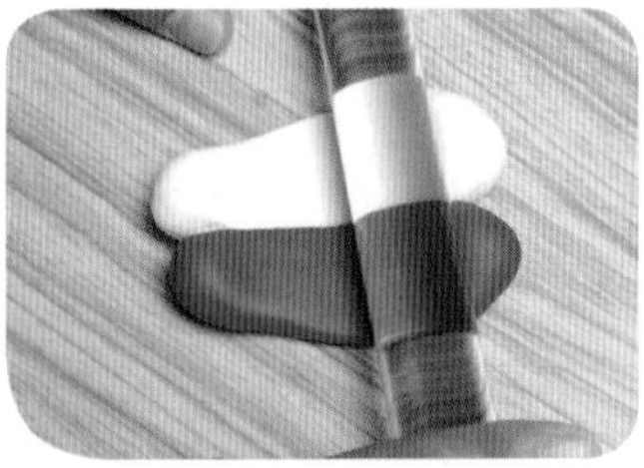

擀

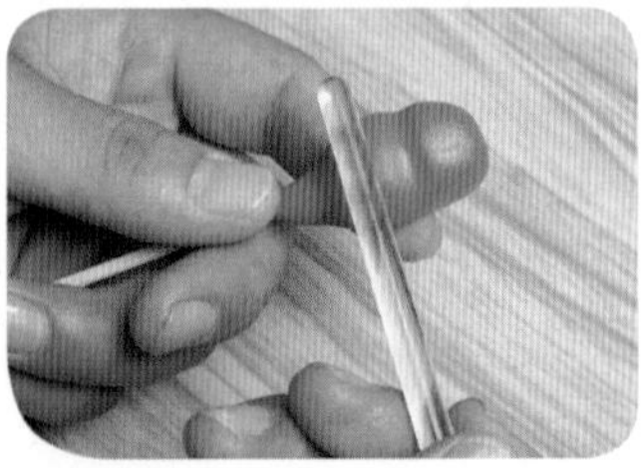

转滚

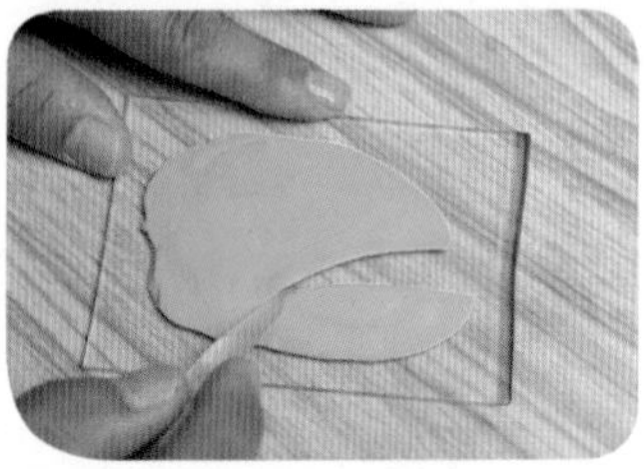

划切

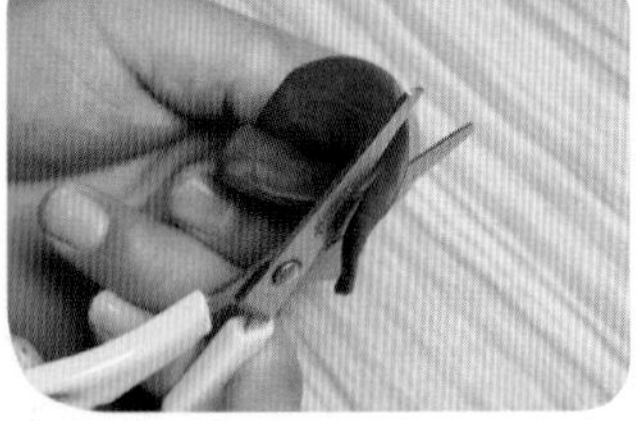

剪

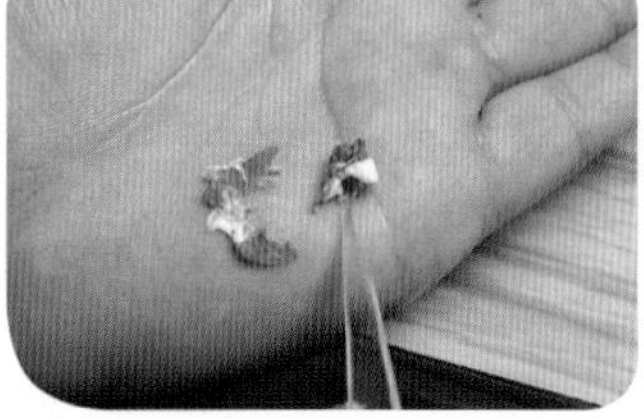

刮

双层刮

（七）面塑作品的保存常识

制作出好的面塑作品很关键，但更为关键的是怎样将面塑作品长久保存。

随着现代科学的发展，技术的更新，添加了防腐剂的面塑作品一般都能达到不发霉、不生虫、不开裂的效果。但是，要想长期保存好，还要注意一些常识性问题。

1. 在制作过程中一定要注意卫生，清洁双手和工作环境等，以免污染面团，导致面团发霉。

2. 作品完成后需放置在通风处晾干。收藏型的面塑作品主要怕潮，需要封装起来，可以起到防尘、防潮的作用。一些小的作品有小的玻璃罩和底托，大的作品都有玻璃宝笼和工艺盒包装。

（八）面塑制作的常见问题

1. 为什么面团中不加盐?

面团中不放盐是因为加入盐后面团的筋力会增大，从而失去可塑性，而且盐还会使作品的颜色变暗，不透亮，作品存放时间较长后还会出现盐霜。

2. 为什么面团中最好不加蜂蜜?

传统面塑，的确在面团中加入蜂蜜，可起到保湿，不干裂的作用。在多年的实践中，也用过蜂蜜，但效果并不好。加了蜂蜜的面，色泽发暗，做出来的作品像旧的一样，色彩也不鲜艳，而且加了蜂蜜的面团很容易粘手。

3. 面塑所用的颜料都有哪些?

面塑分很多种类，所用颜料也有所不同。食用性即餐饮用的面塑一般都用食用色素，也可以用菜汁。街边卖的小面人和收藏型的面塑都用水性颜料，如广告色和国画色。

4. 用澄面可以做面塑吗?

可以，澄面一般多用在可以食用的船点当中，色泽透明油润。包上馅后又是艺术品又是点心，美不胜收。

5. 面塑作品能保存多长时间?

随着科学技术的发展，加入面塑添加剂的作品现在都可以长期保存，能成为很好的艺术收藏品。

6. 面塑加入的添加剂对人体有害吗?

工业用的防腐剂不能使用，会对身体造成伤害，都应该使用食品级的防腐剂，所用辅料也都应该是无毒无害的，这样就安全了。

7. 为什么有的面塑作品发亮?

面塑作品发亮的原因有很多种。例如：①面塑制作过程中使用石蜡会使作品发亮，而且还会有透明感；②面塑作品制作完成后，用白乳胶加水稀释后用刷子刷上一层，作品晾干后也会发亮；③面塑作品完成以后，还可以刷上一层女士用的指甲油晾干后也能发亮；④在面团制作过程中，加入一种高科技的夜光粉，作品在夜晚也能发光。

8. 为什么面塑作品放久以后会干裂?

面塑作品干裂的原因：① 面团中没有加入保湿的材料，如蜂蜜、饴糖、甘油；② 制作过程中手上涂些润手液，捏制时不易粘接牢固，干后就会脱开，还有搓面团时不易合缝，作品晾干后就会开裂。

9. 面塑易学吗，没有美术基础能学会吗?

面塑在民间艺术中属于比较好学的，它并不需要什么美术基础。只要有兴趣的人都可以学习。

面塑

制作方法

（一）中级面塑制作方法

卡通鼠

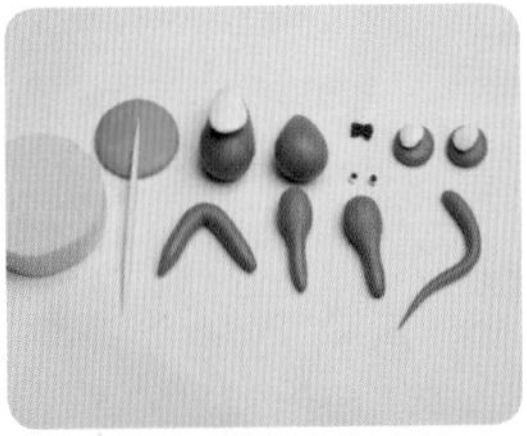

1 做出卡通鼠身体各部位大形

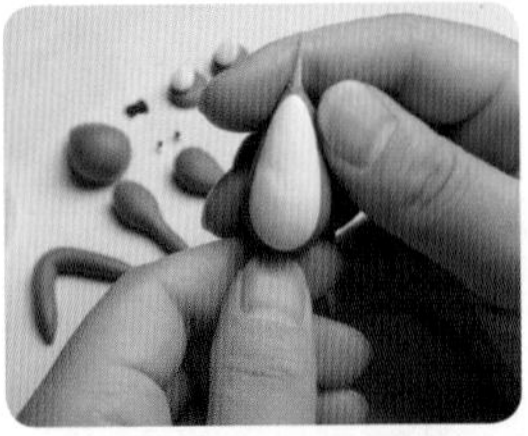

2 用牙签将身体穿起固定，并塑好白肚皮

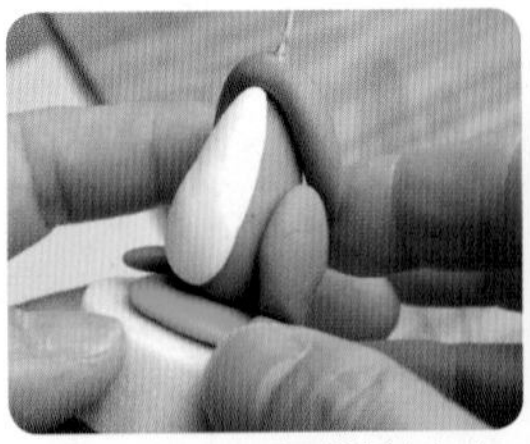

3 做出大腿和胳膊粘接在身体上

4 做出头部，剪出嘴巴，粘黑鼻头

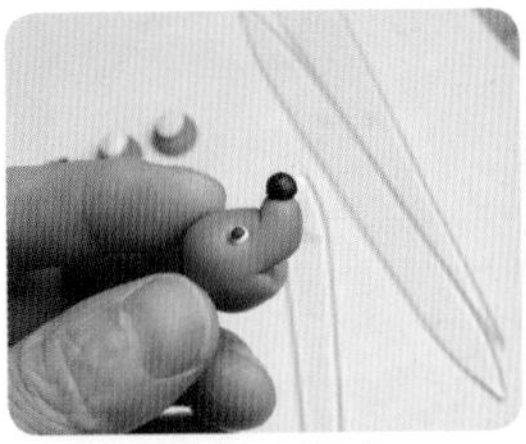

5 压出眼窝粘上眼睛

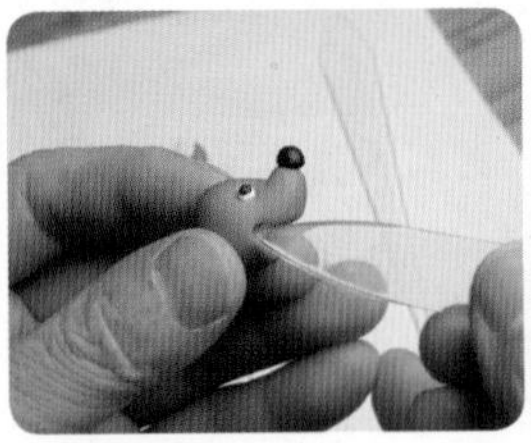

6 塑出嘴角

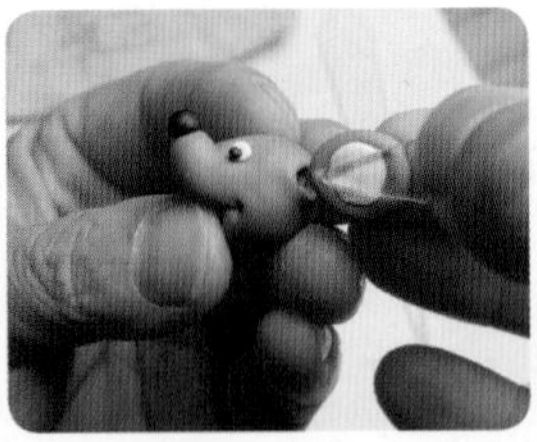

7 扎上耳朵

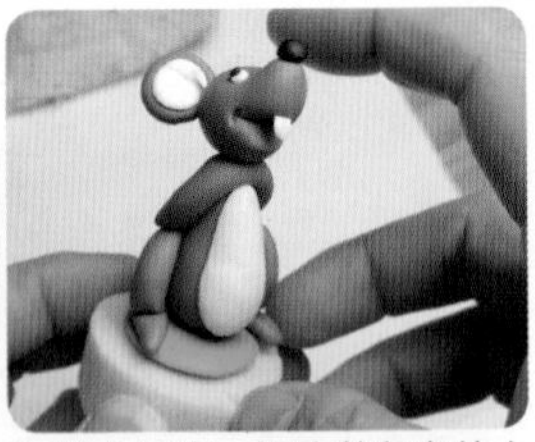

8 粘上牙齿，把头装在身体上

9 做出尾巴造型

10 粘上领结

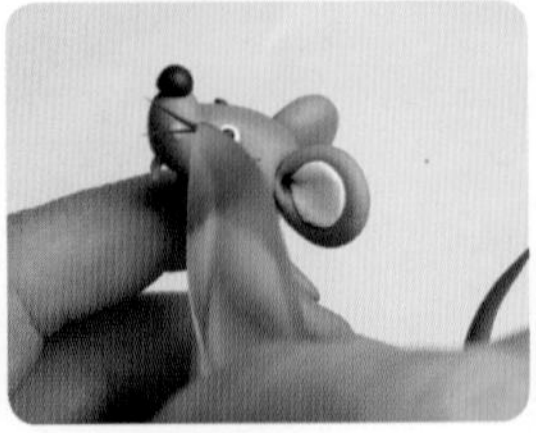

11 做胡须粘上

12 切分脚趾，即完成

白龙马

1 用铁丝搭出架子，并塑出身形

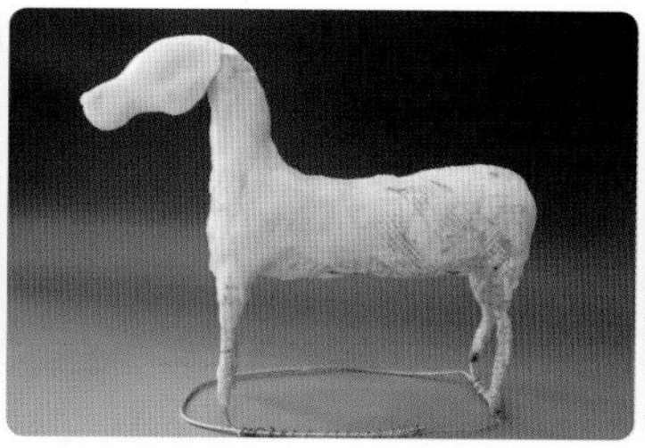

2 做出马头形状

3 用塑刀做出鼻孔

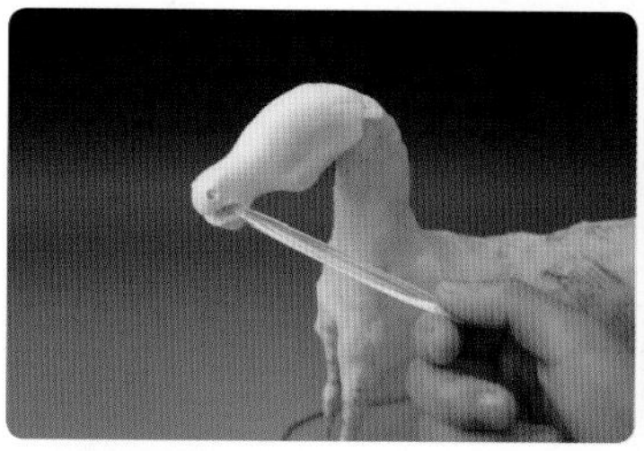

4 做出马嘴

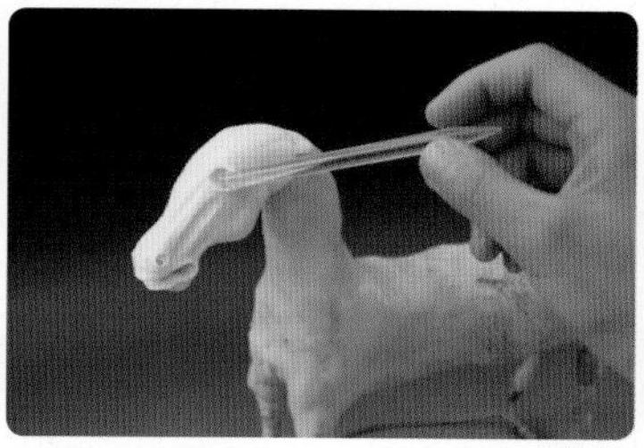

5 开出马眼的位置

6 做出马眼

7 做出马耳朵

8 做出马鬃，并做出马身体

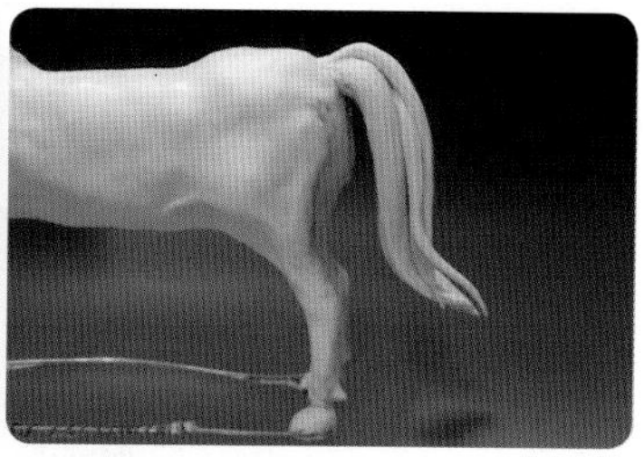

9 做出马尾巴即可

人物五官

眼睛的制作方法

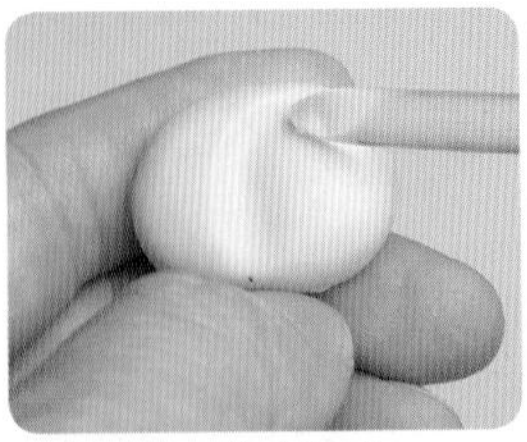
1 做眼睛，整出坯型

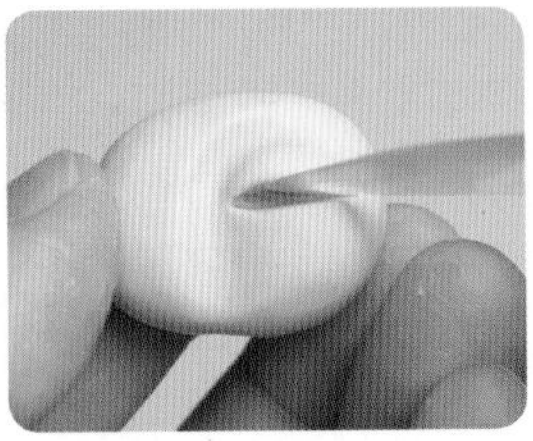
2 定出眼位开眼

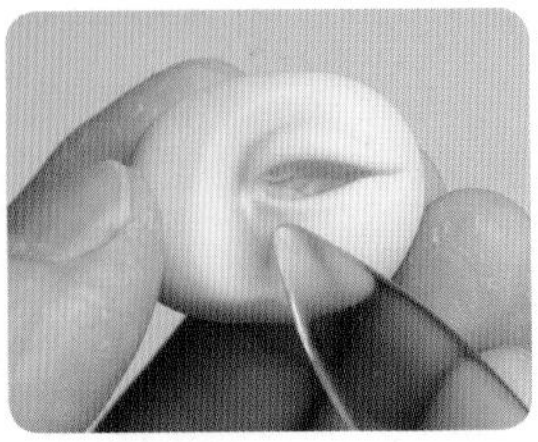
3 修整眼形

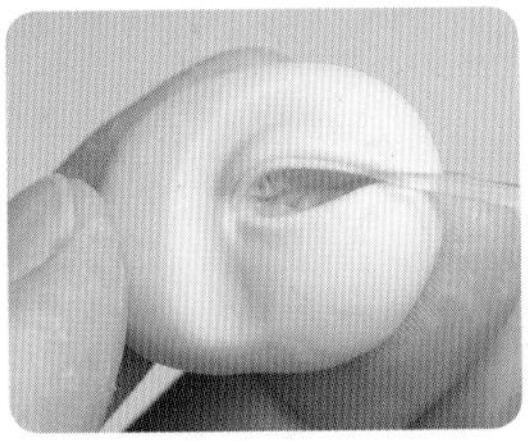
4 切出双眼皮

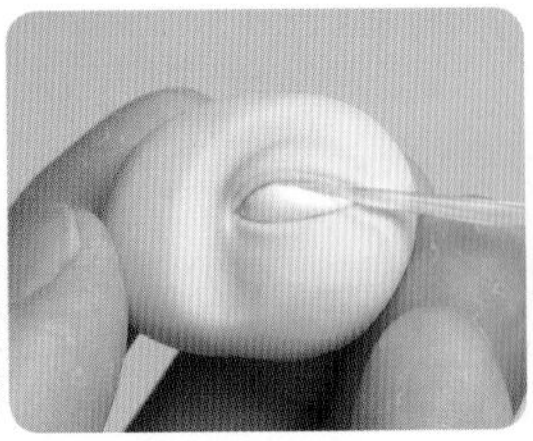
5 做出眼白镶入眼白

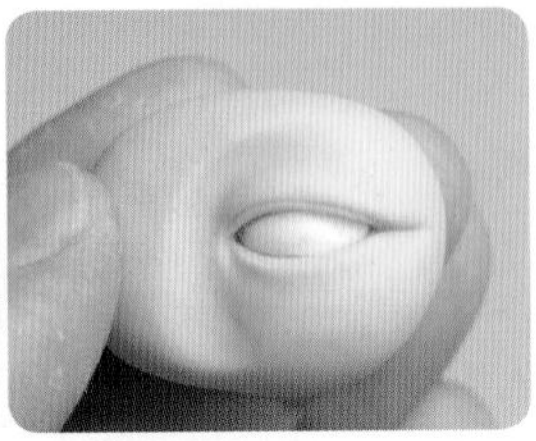
6 将眼白修成球形

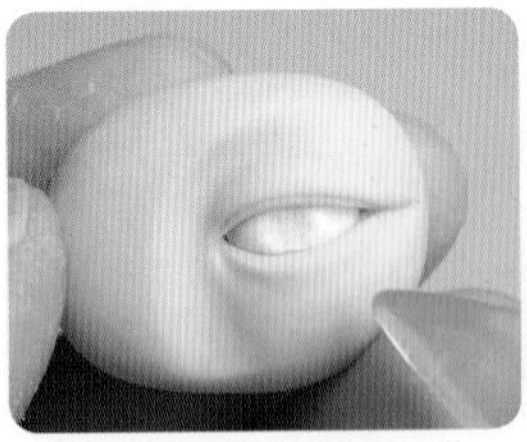
7 确定黑眼珠儿位置

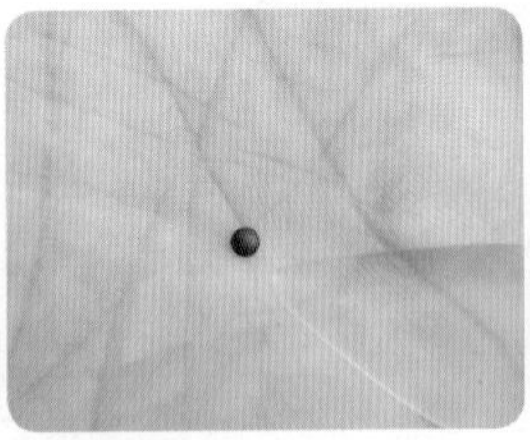
8 做黑眼珠儿

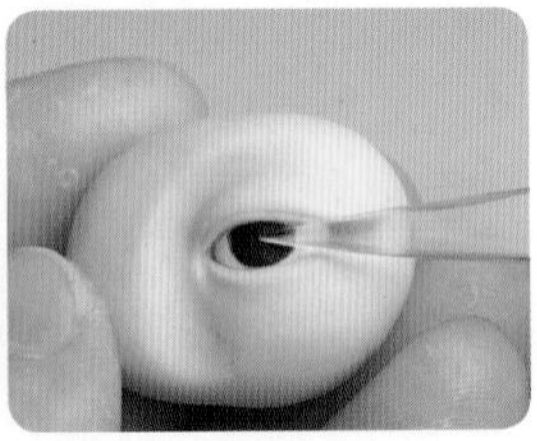
9 镶入，抹平定神

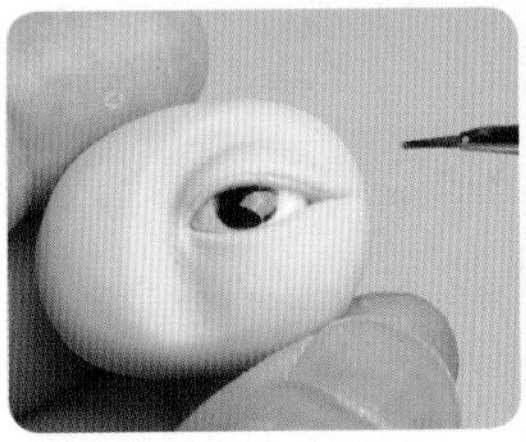
10 刷上亮油

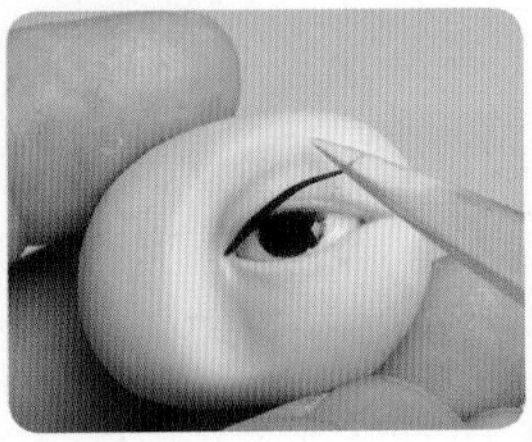
11 贴睫毛

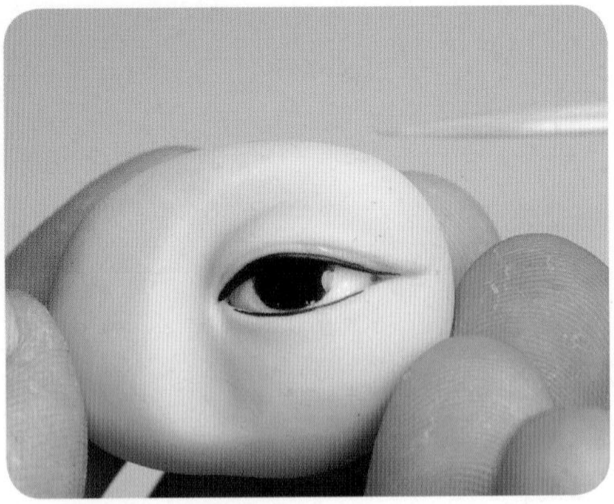
12 贴下眼线，即完成

鼻子的制作方法

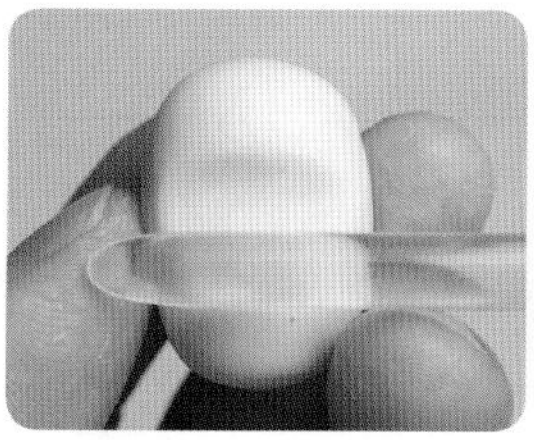
1 做鼻子

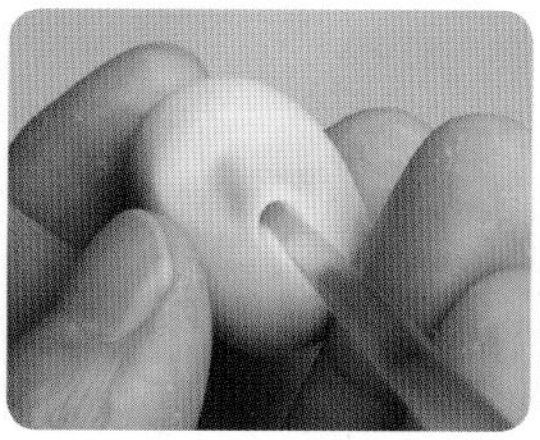
2 挑出鼻孔

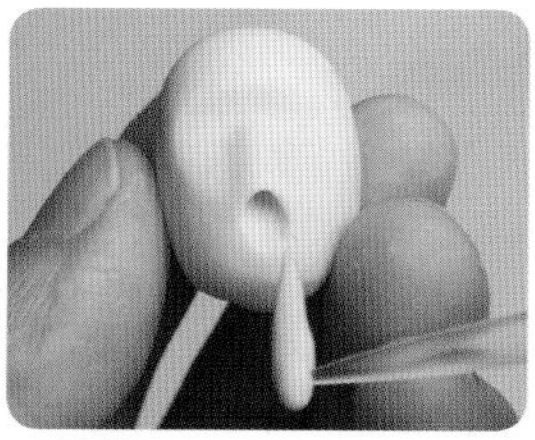
3 填补

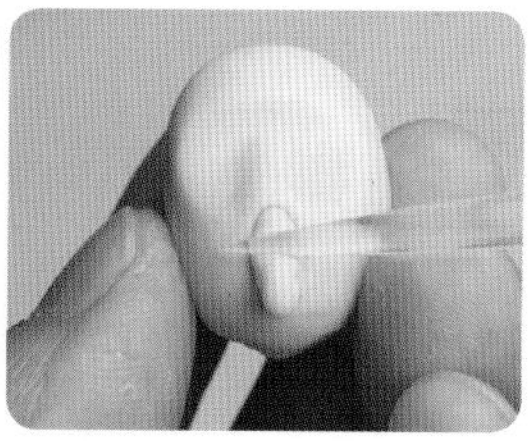
4 抹光

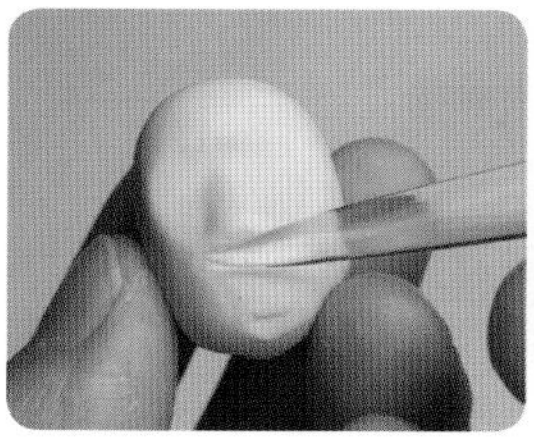
5 确定鼻子长度

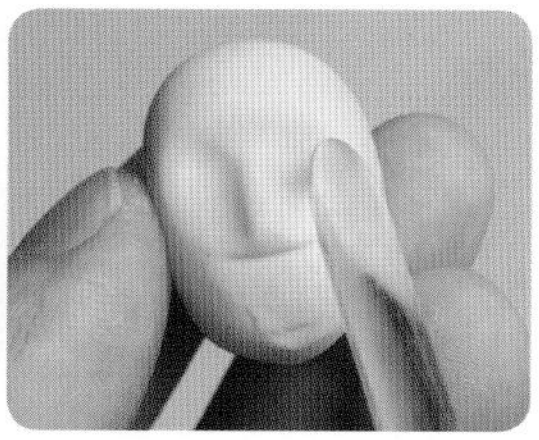
6 修整鼻形

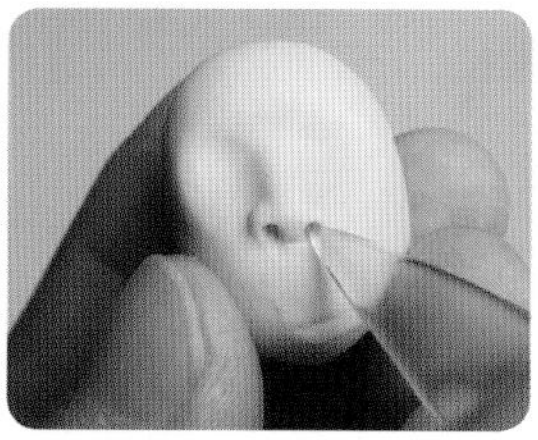
7 挑出鼻翼

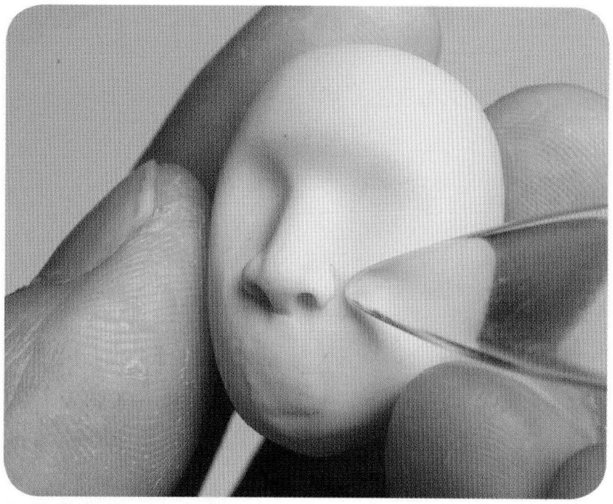
8 修整鼻翼，即完成

嘴的制作方法

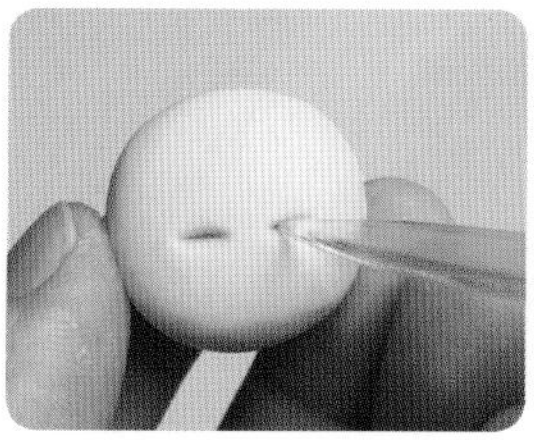
1 定出嘴角

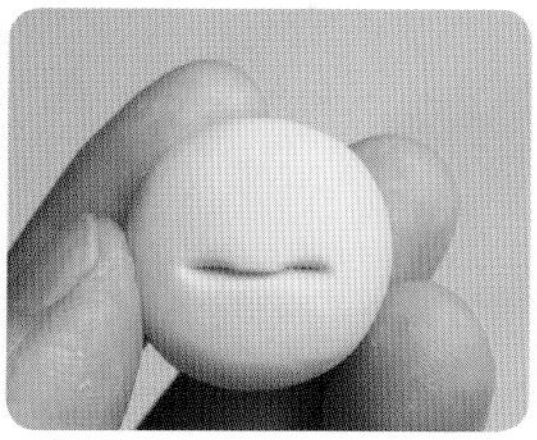
2 切分出上下唇

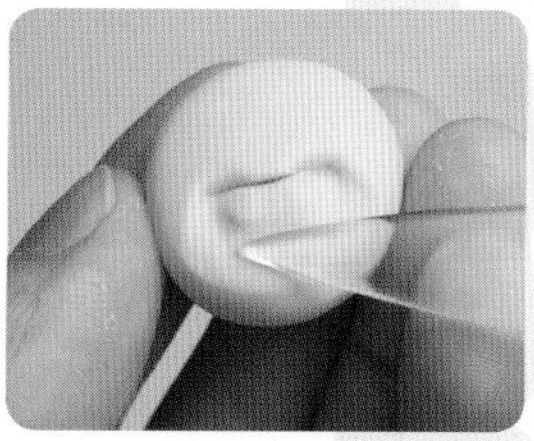
3 做出嘴角，确定下唇大小

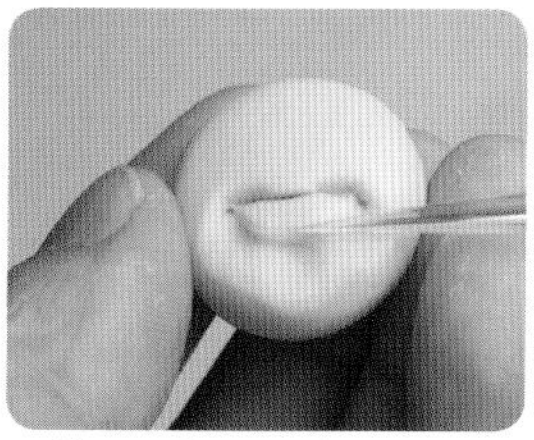
4 抹平、切出唇线

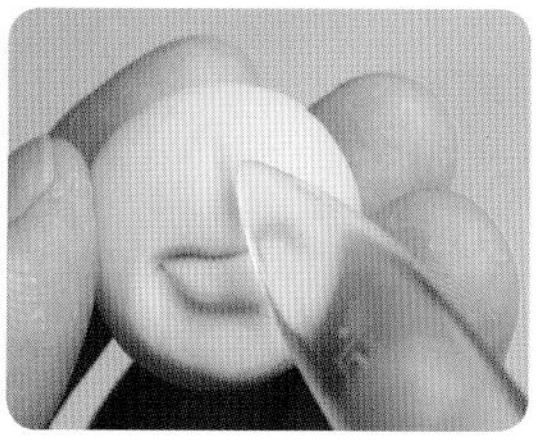
5 压出人中线

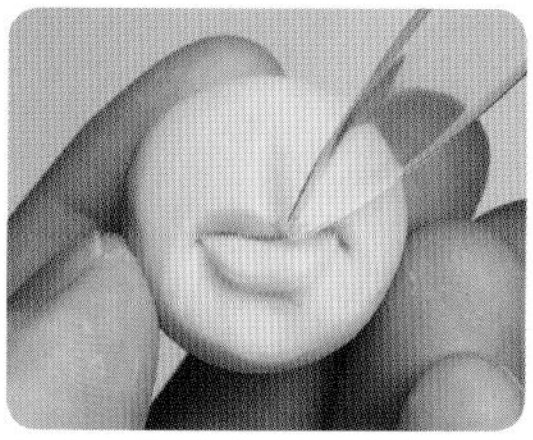
6 做出上唇

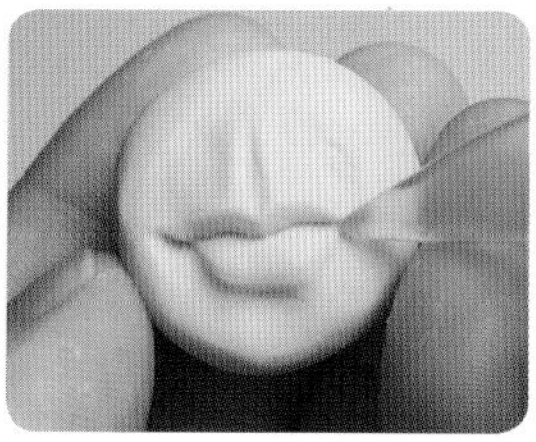
7 确定上唇高度、嘴角宽度

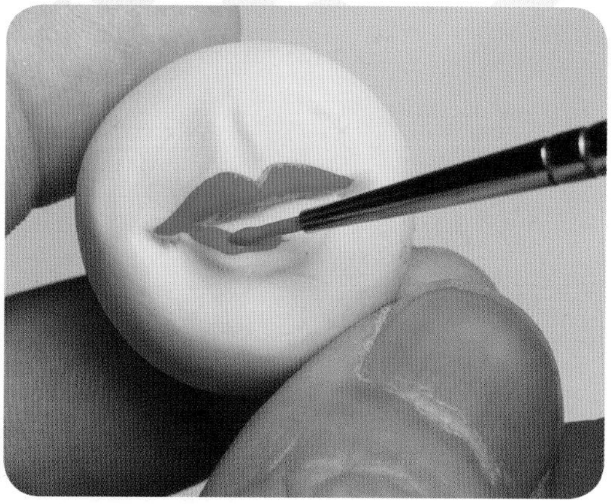
8 画出红嘴唇，即完成

耳朵的制作方法

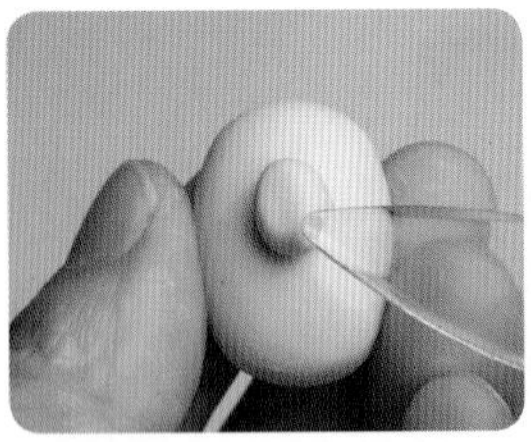
1 做耳朵

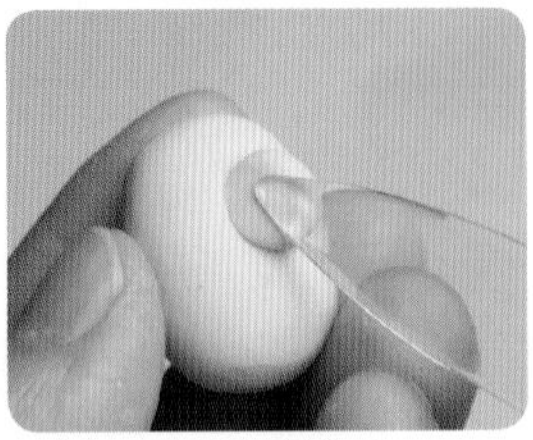
2 做出耳朵轮廓雏形

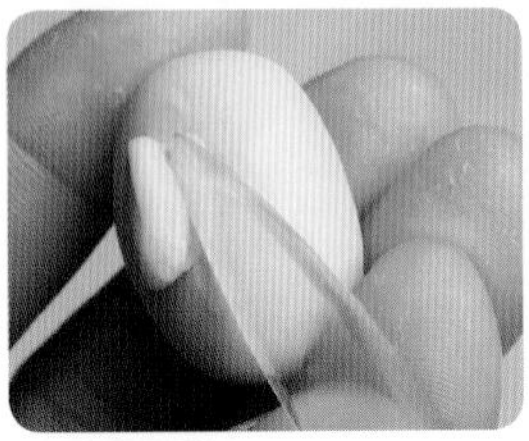
3 抹平耳背

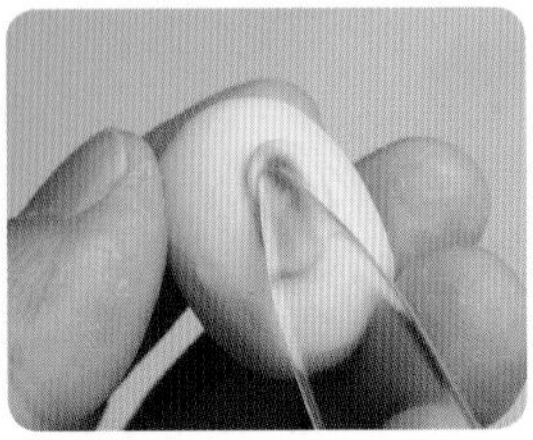
4 做出耳廓

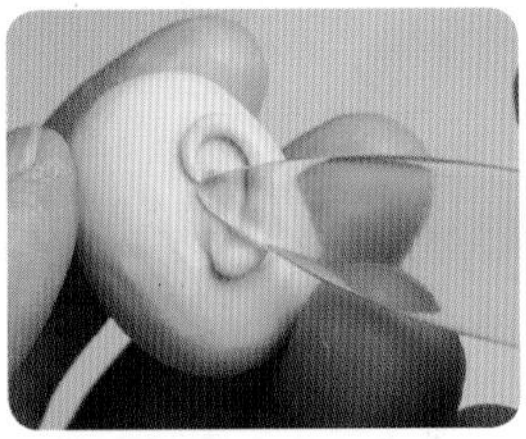
5 做出内耳

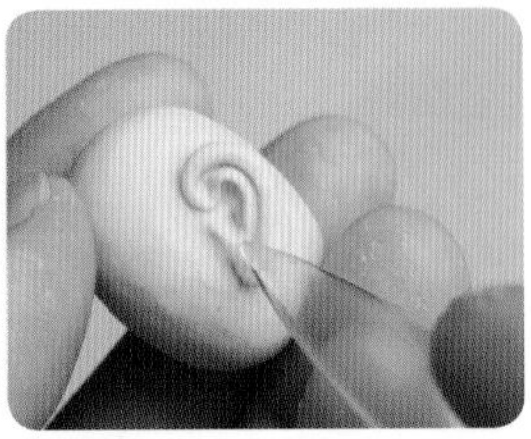
6 修整耳形

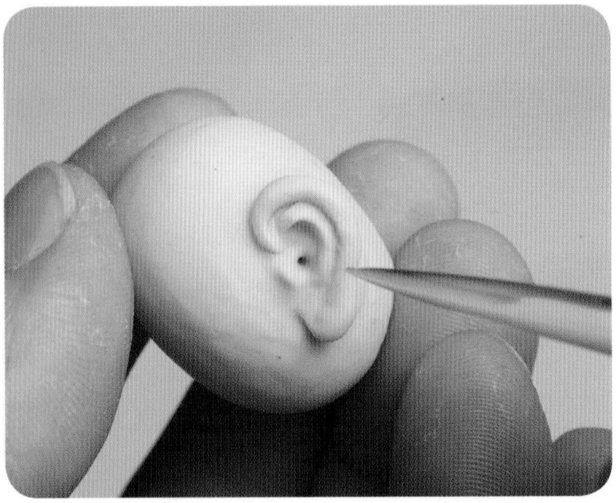
7 扎耳眼即完成

眉毛的制作方法

1 做眉毛

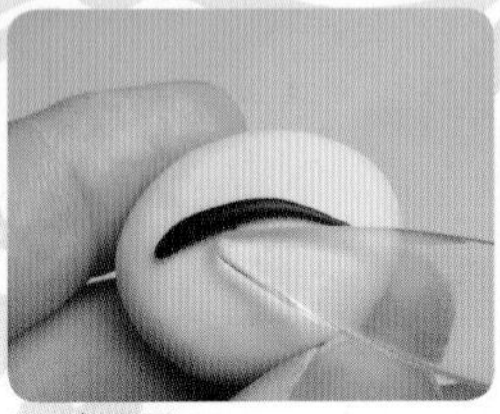
2 贴眉毛

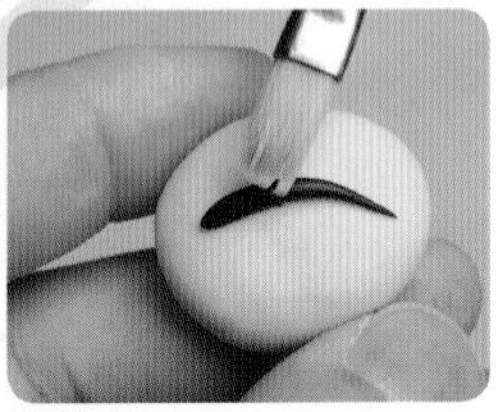
3 补水

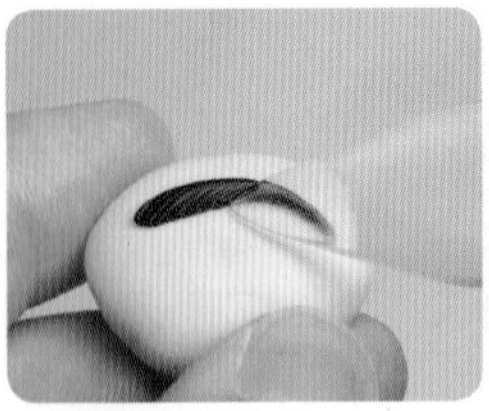
4 切眉峰

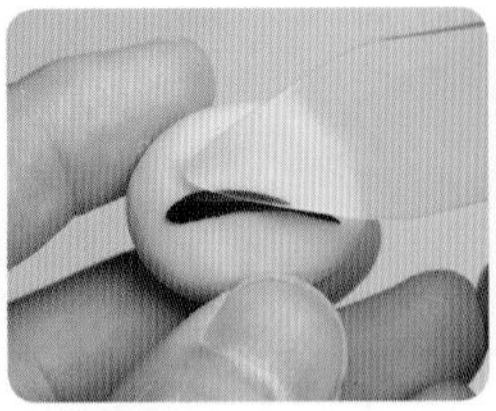
5 修眉形

6 眉毛完成

童趣

1 备出做小孩所需颜色的面团

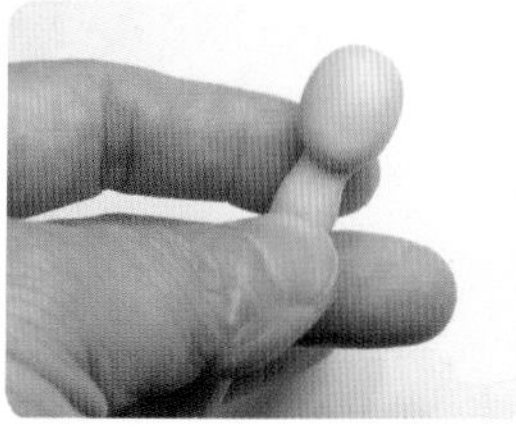

2 准备做头部

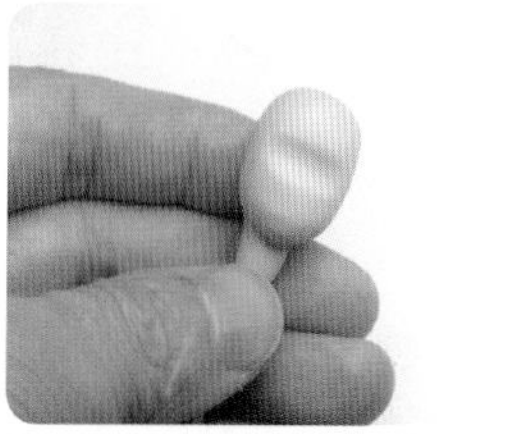

3 压出眼窝及额头部分

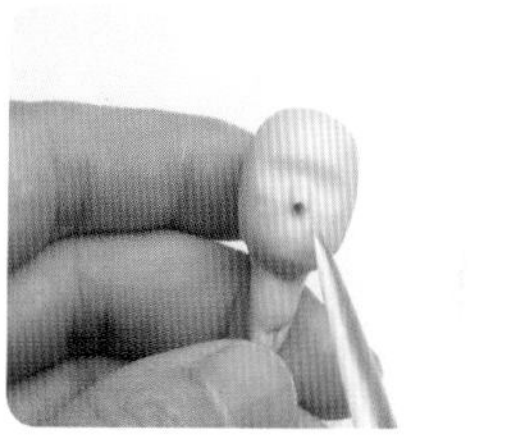

4 挑鼻孔

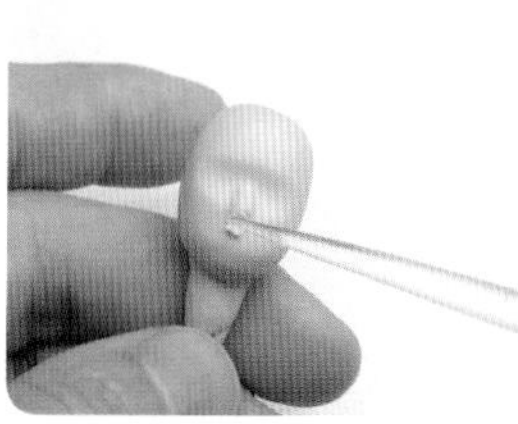

5 填补

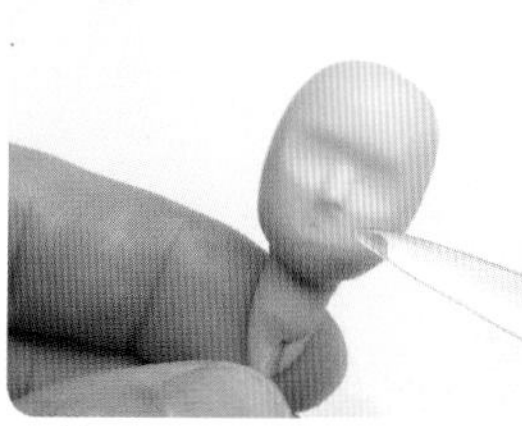

6 抹平

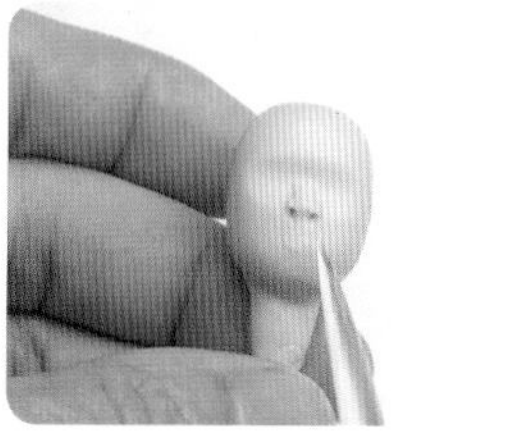

7 挑鼻翼

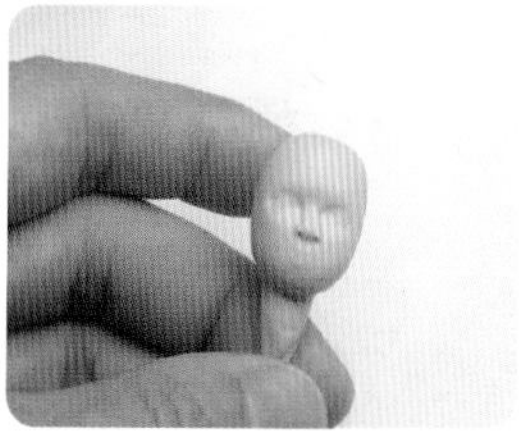

8 压出眼眶

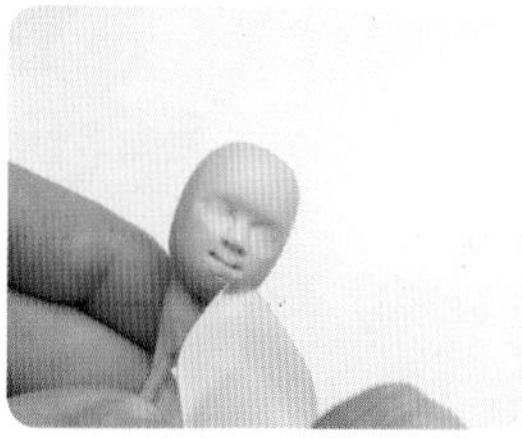

9 定嘴角并切开

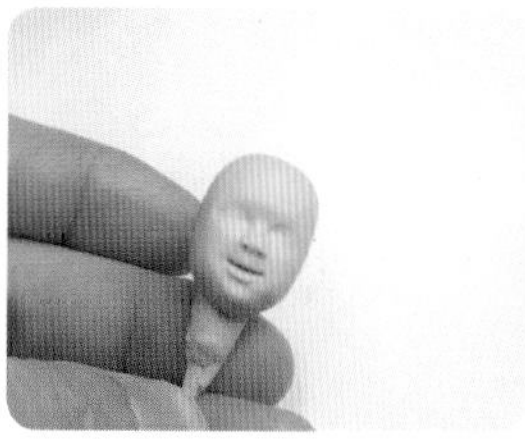

10 定嘴形

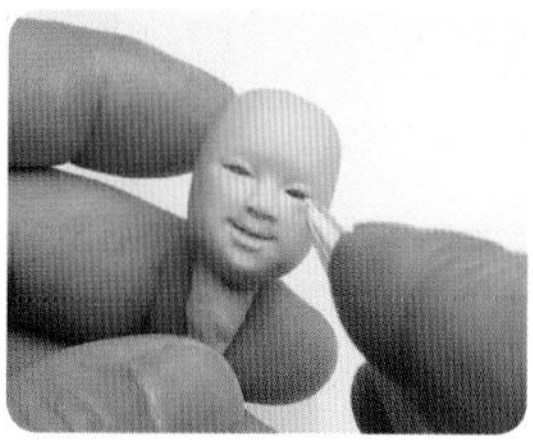

11 开眼塑形

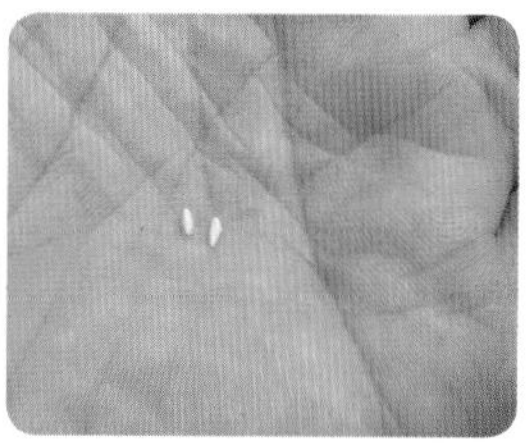

12 搓白眼球儿

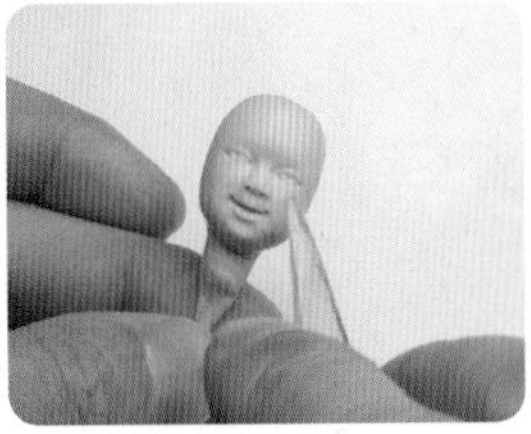
13 镶白眼球儿确定黑眼珠儿位置

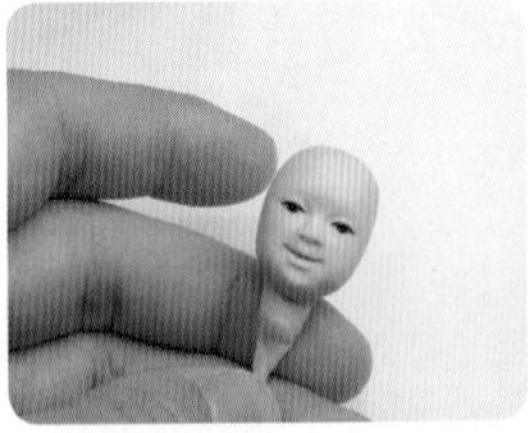
14 镶黑眼珠儿及睫毛

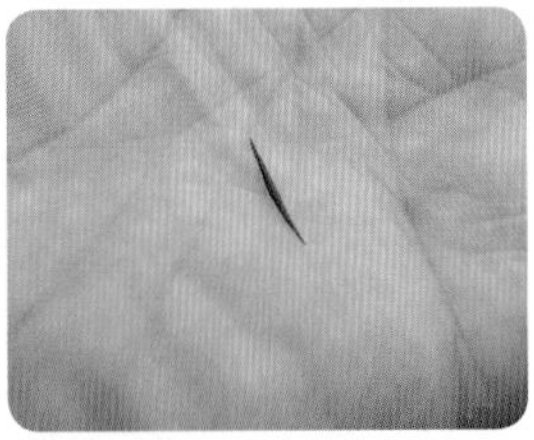
15 搓眉毛

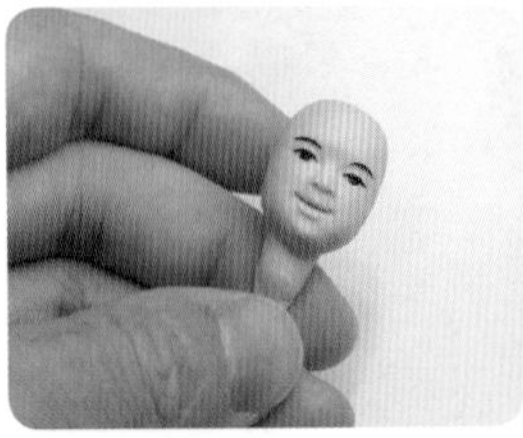
16 粘上眉毛

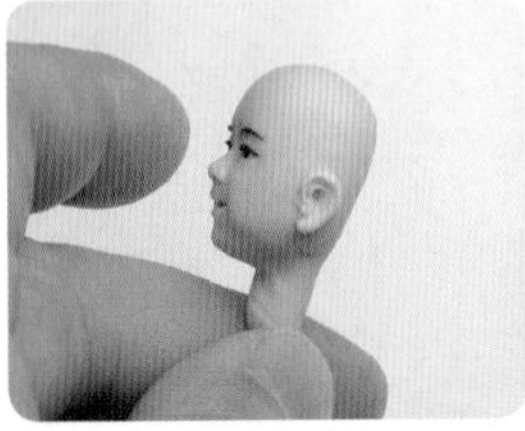
17 确定耳朵位置并塑出耳朵

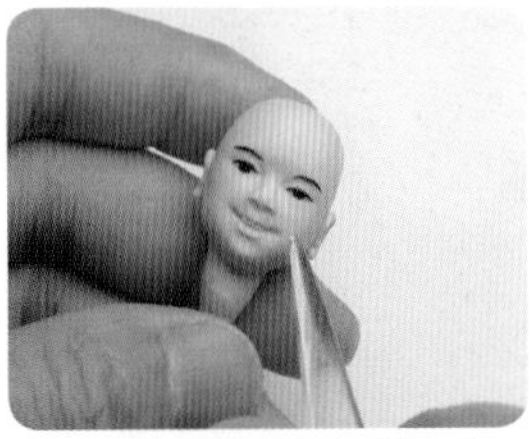
18 白色面搓成细条做牙齿

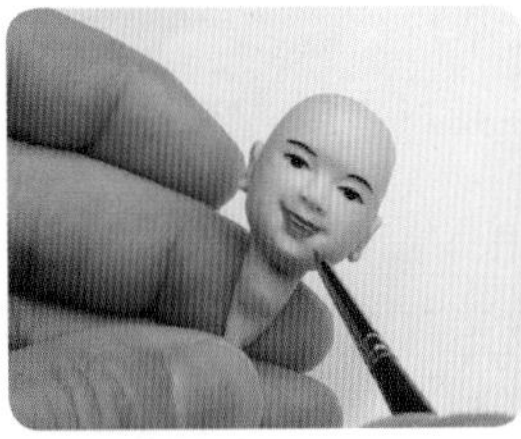
19 描嘴唇

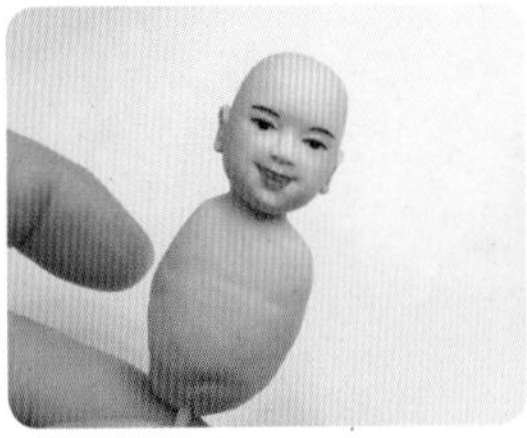
20 头部完成后做身体

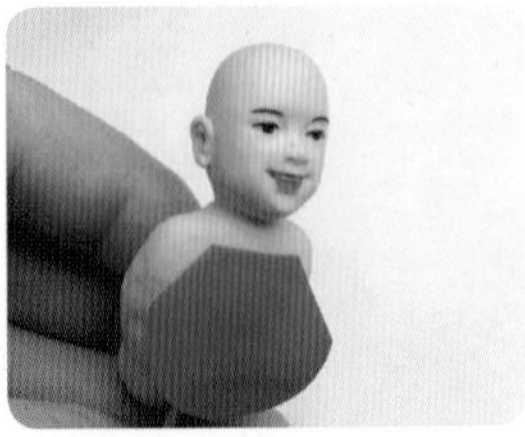
21 红色面片做肚兜

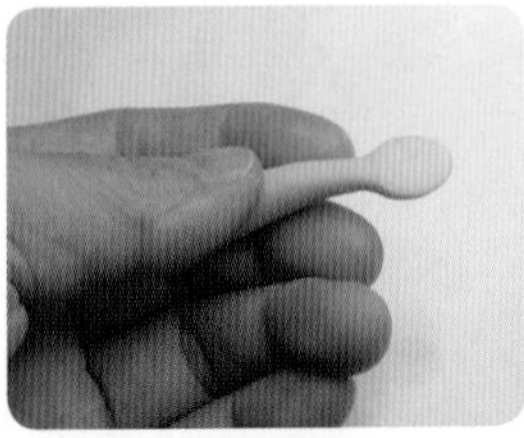
22 捏出胳膊及手掌

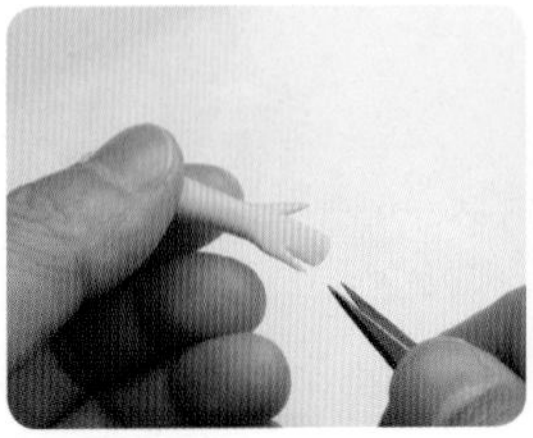
23 剪出手指

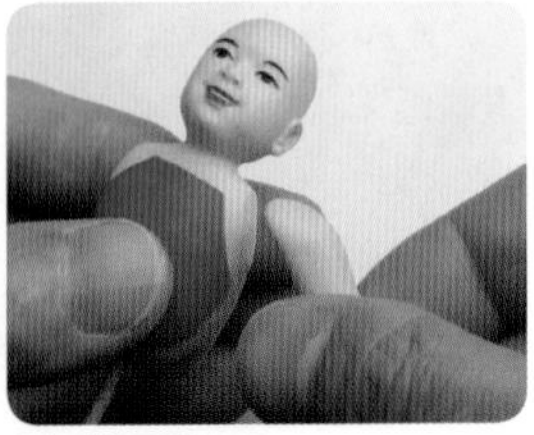
24 粘手臂

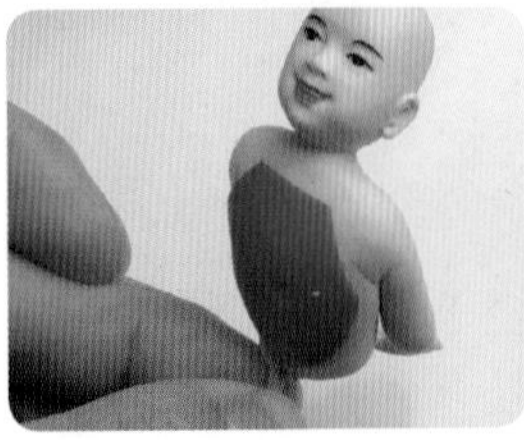
25 两臂完成

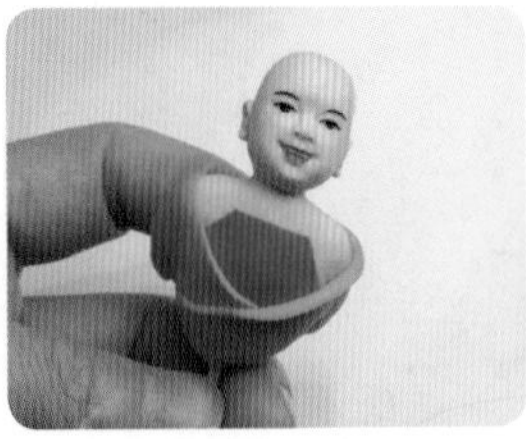
26 黄色面片做上衣

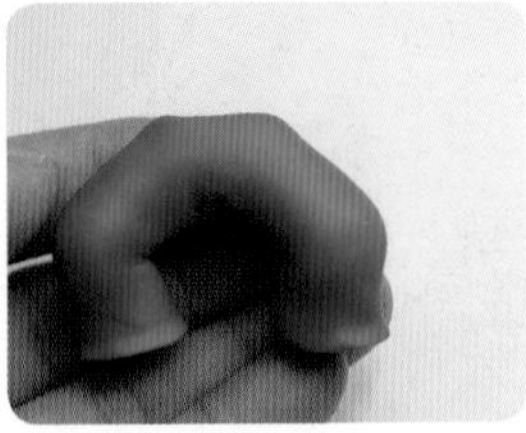
27 塑造出裤腿

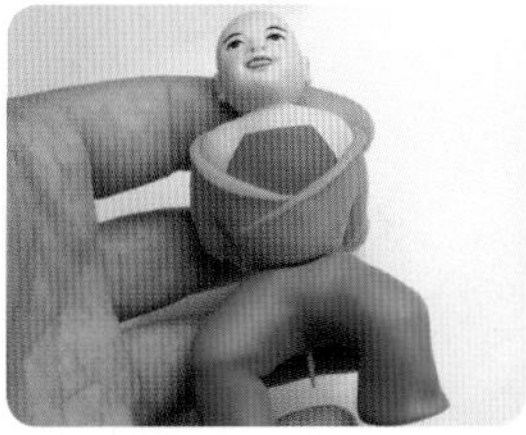
28 粘接

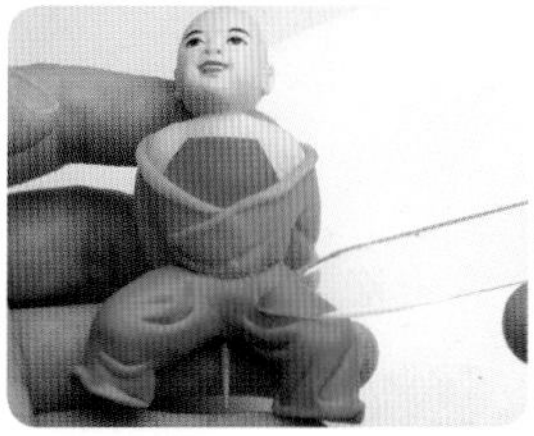
29 塑裤褶

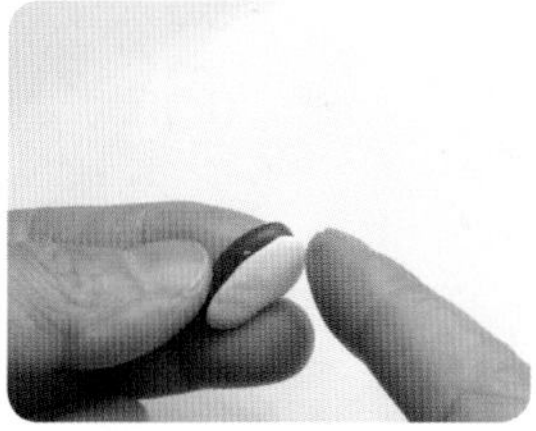
30 做鞋子

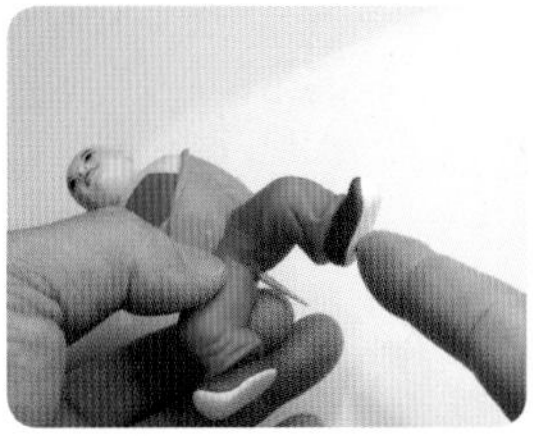
31 粘接

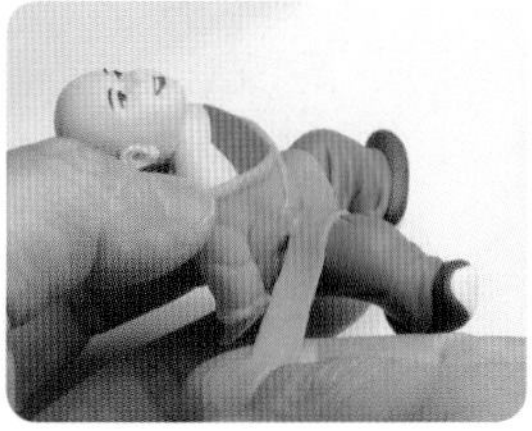
32 补接上衣

33 塑造腰带节并粘上

34 做头发

35 描衣纹

36 粘上寿桃

仕女

1 准备出做头部的面团

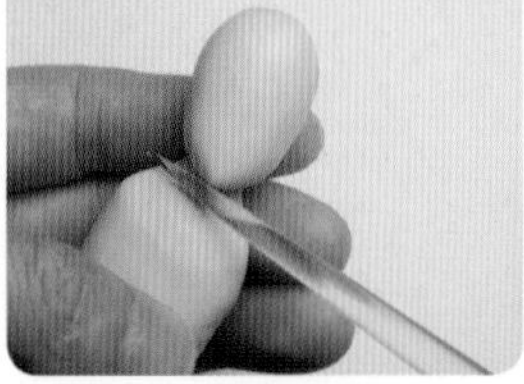

2 做头部并塑出头部大形

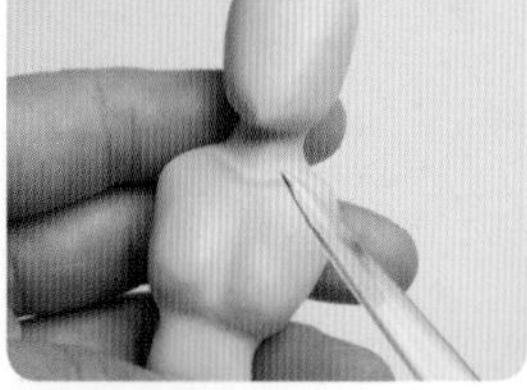

3 塑出胸部

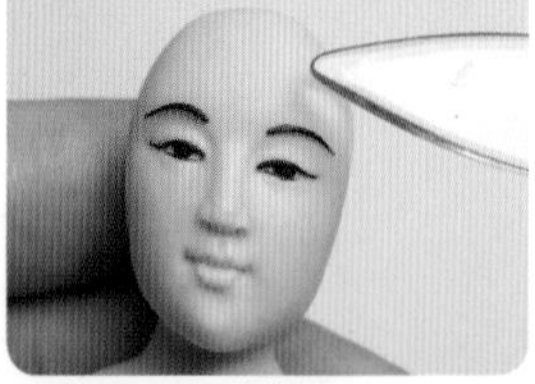

4 做出五官并塑形

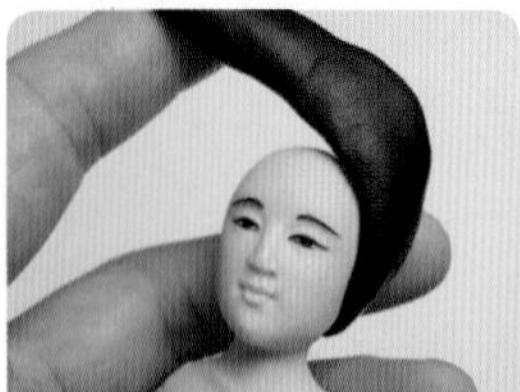

5 做头发并粘上

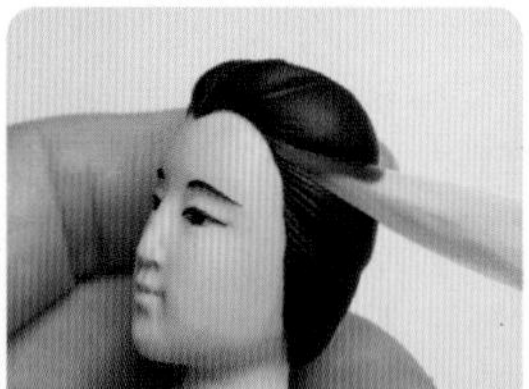

6 切出发丝

7 做出发结

8 粘上并做出古典发型

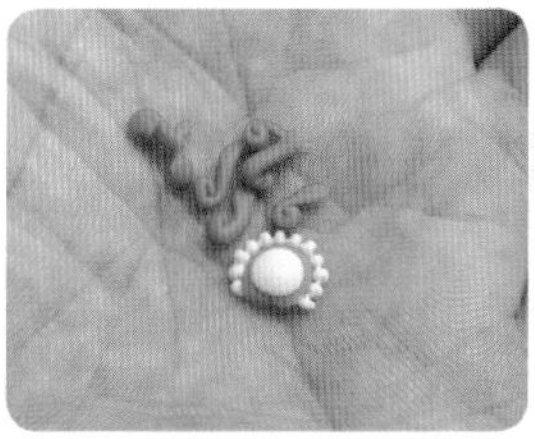
9 做出头饰

10 粘上

11 描嘴唇

12 做出头发帘

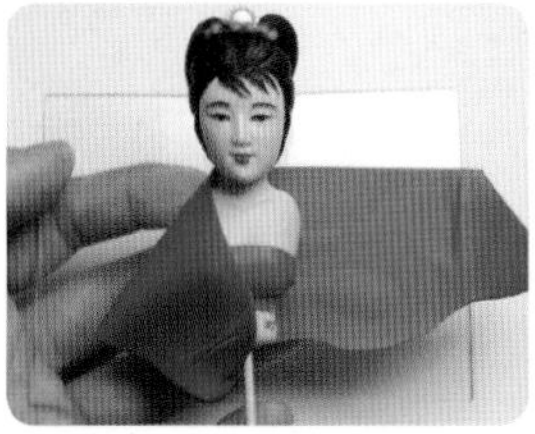
13 裹胸，压片做衣并粘上

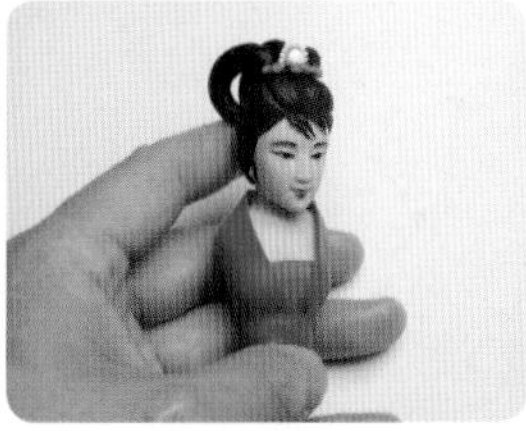
14 修整完成头部和上身

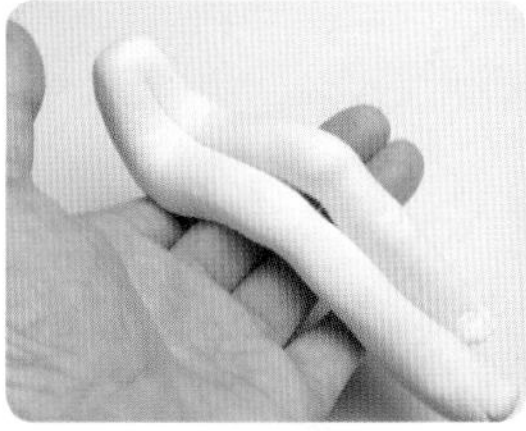
15 做出下身及双腿大形

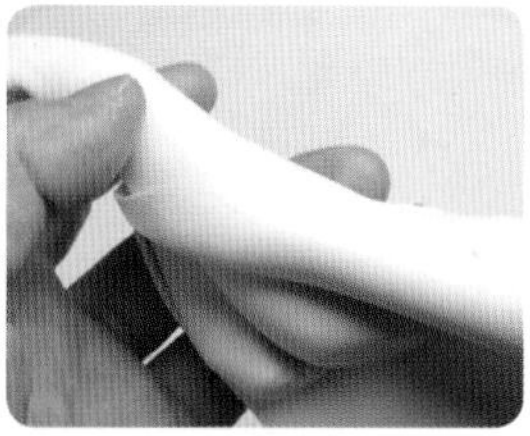
16 做裙子下摆并粘上

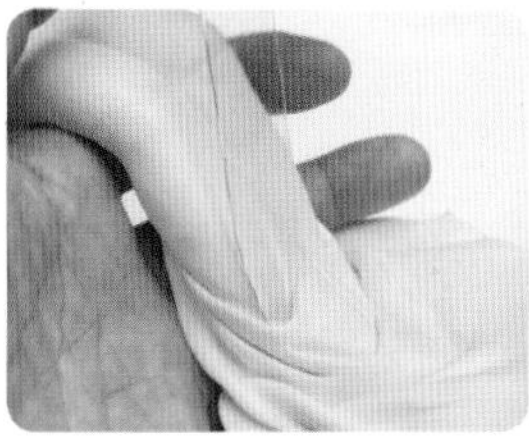
17 压出裙褶

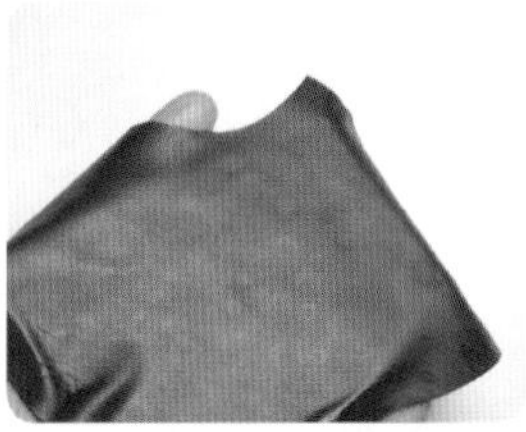
18 压出腰裙大片并裁剪出形

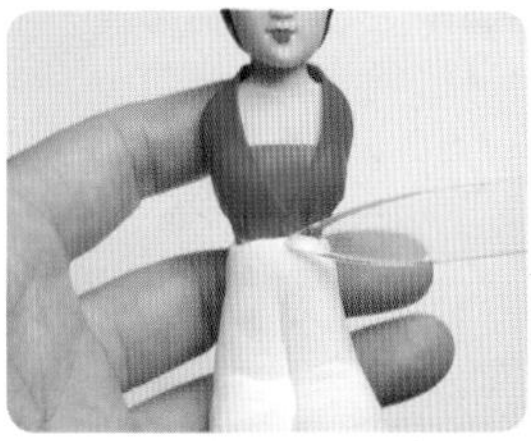
19 上下身连接

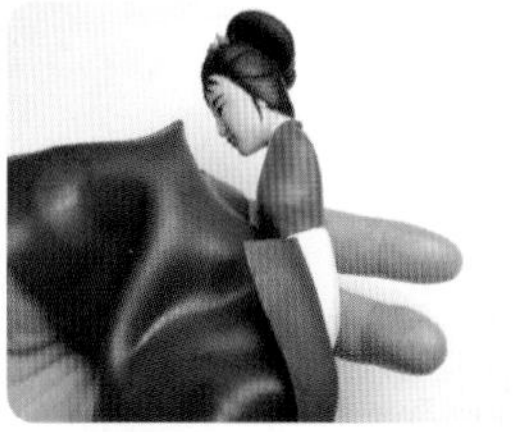
20 裹腰裙

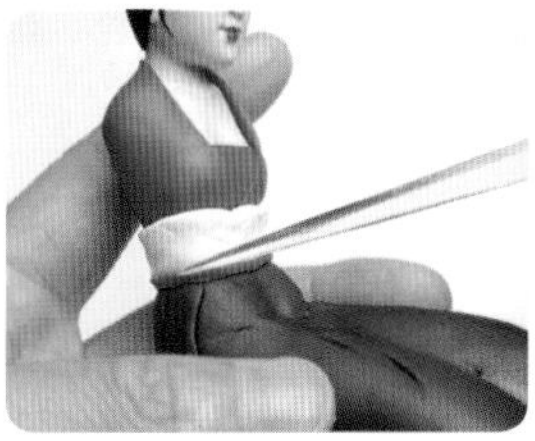
21 塑裙腰

22 描绘腰裙花纹

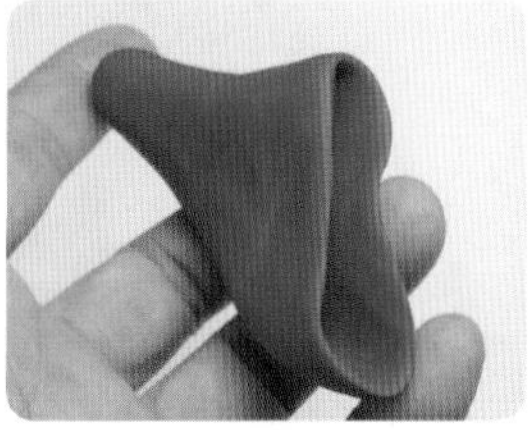
23 捏衣袖大型

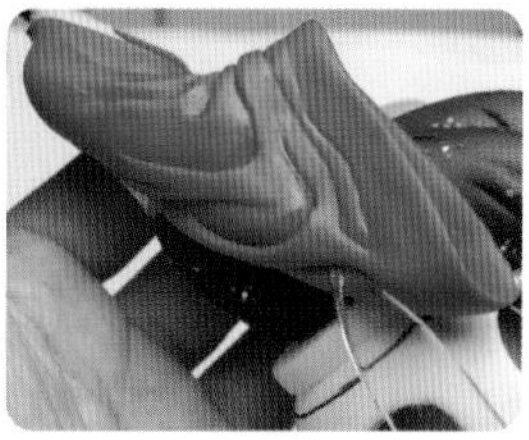
24 粘接并塑出袖部衣纹

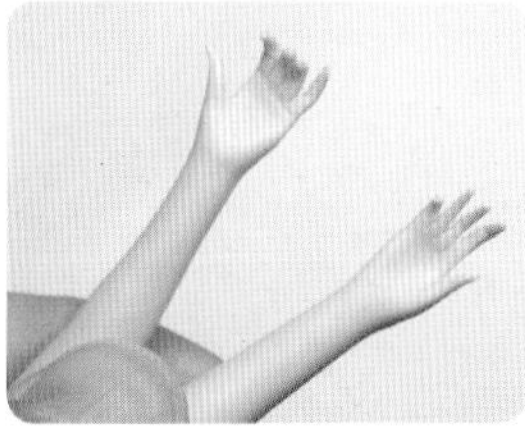
25 做双手

26 粘接双手

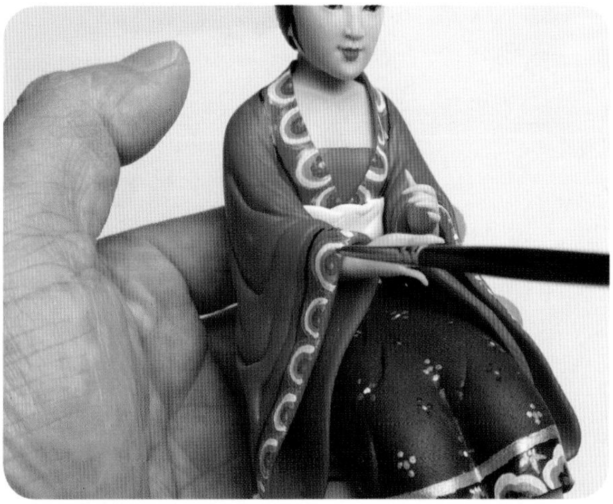
27 描绘

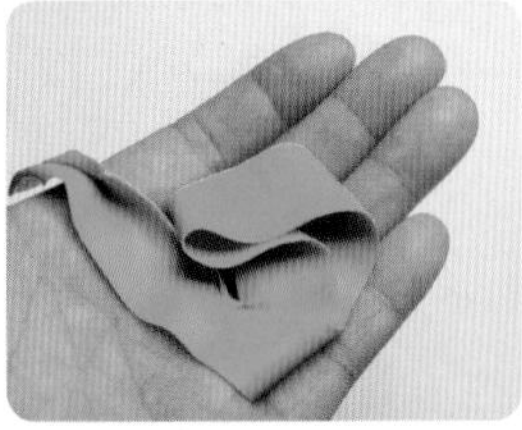
28 做出大飘带

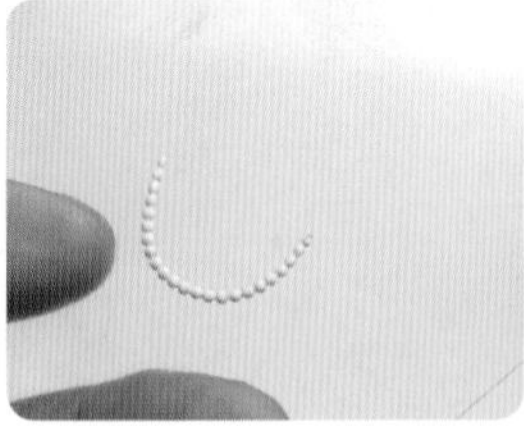
29 做出项链

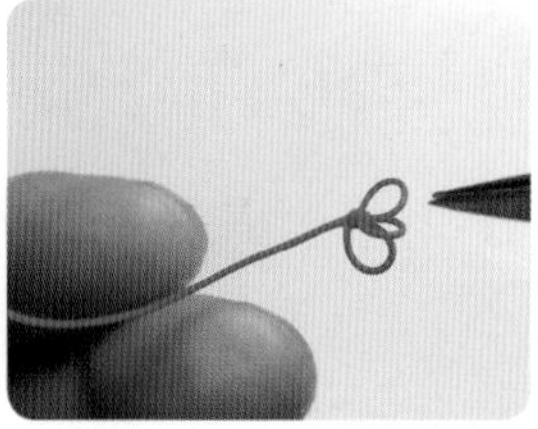
30 做出细带

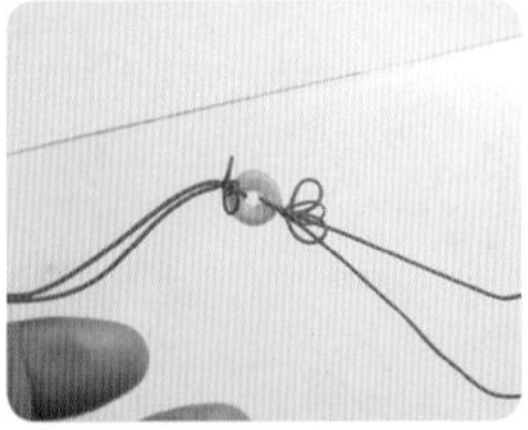
31 做出玉佩并粘接

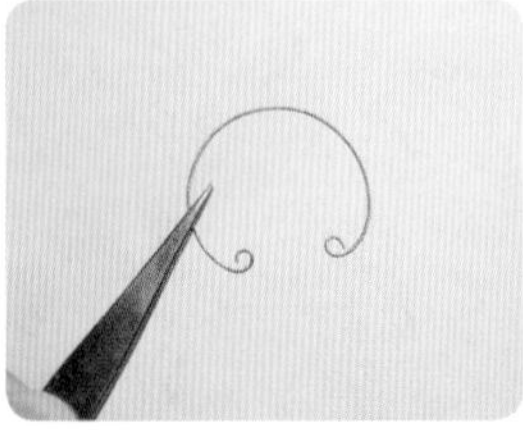
32 用铜丝做出项圈

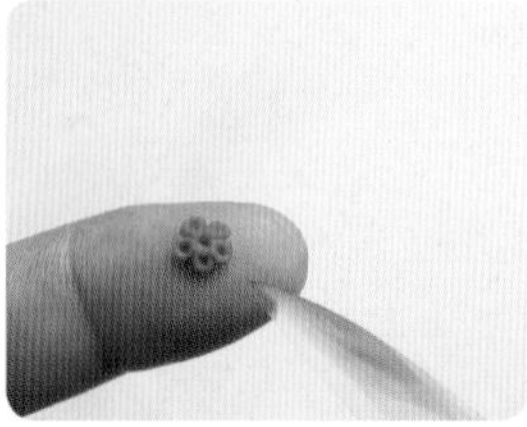
33 做头花

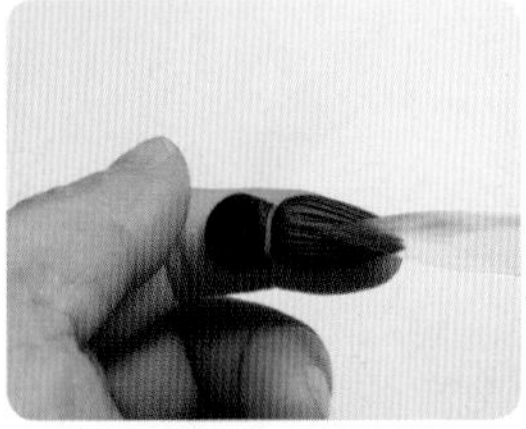
34 做头发

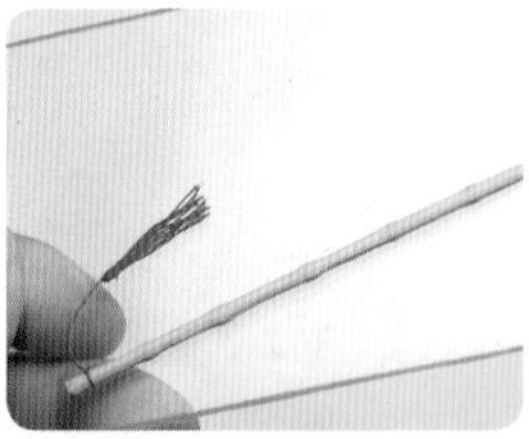
35 用竹签做出箫的样子

36 制作完成

美人鱼

1 做出上半部身体

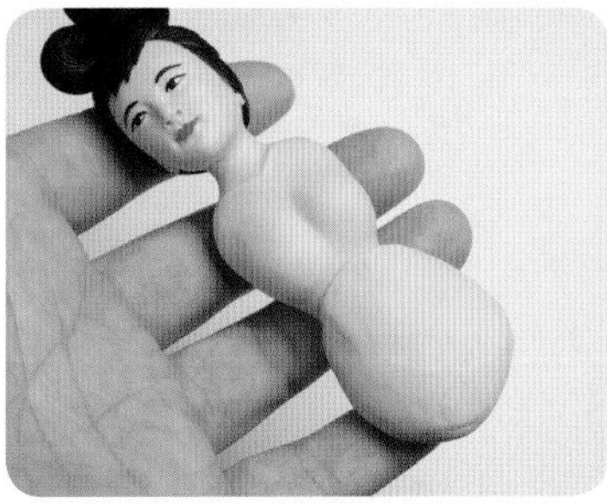

2 塑造小腹

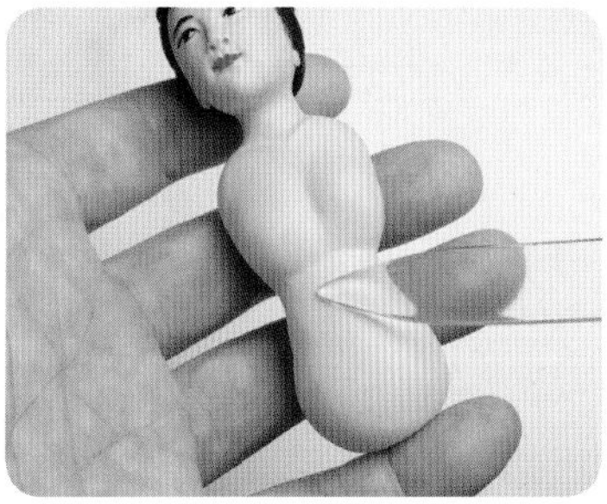

3 抹光

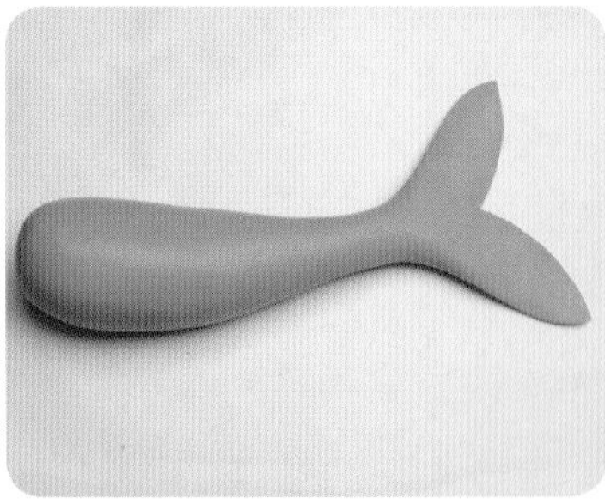
4 做出下半部鱼身

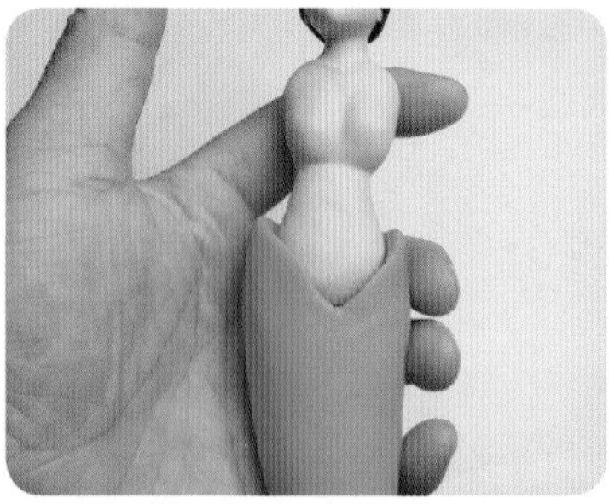
5 对接

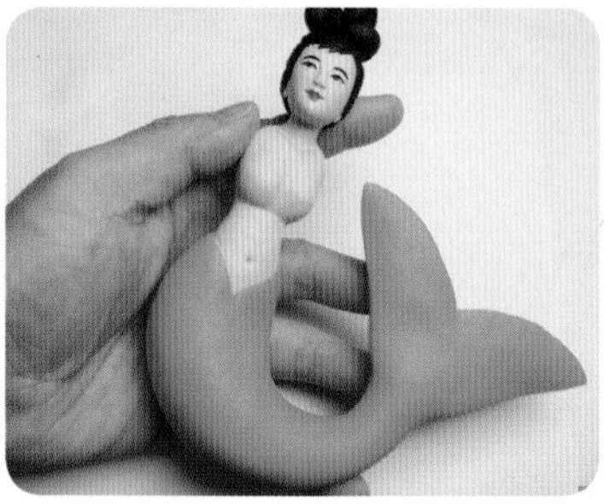
6 塑出整体造型

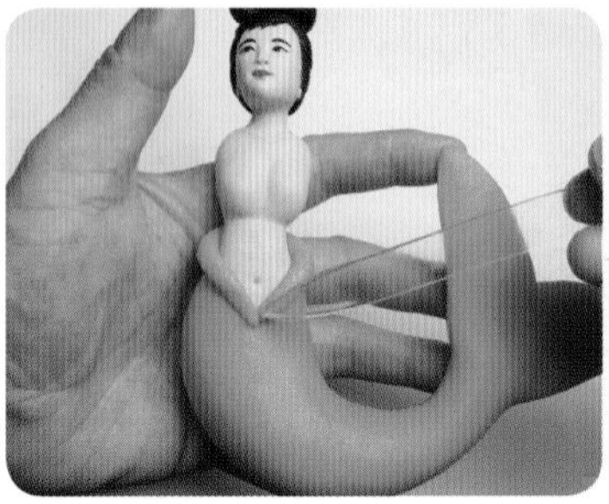
7 塑出腰边

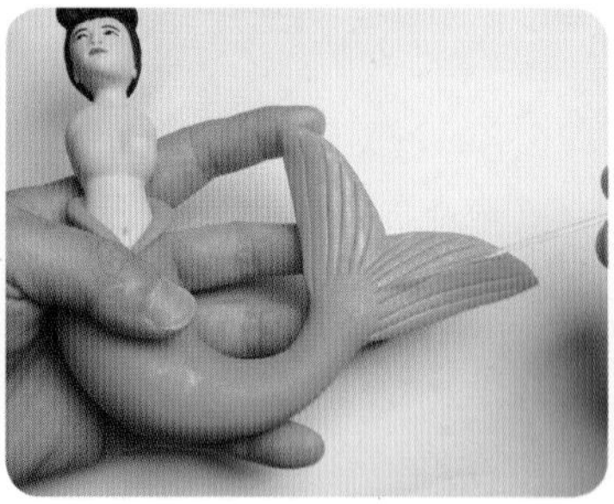
8 塑出尾部

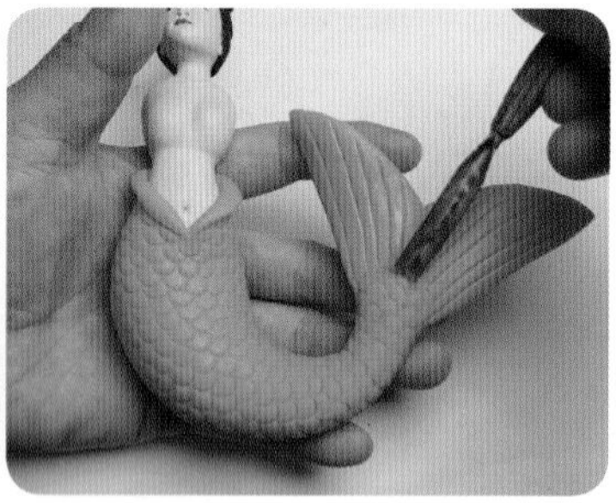
9 戳出鳞片

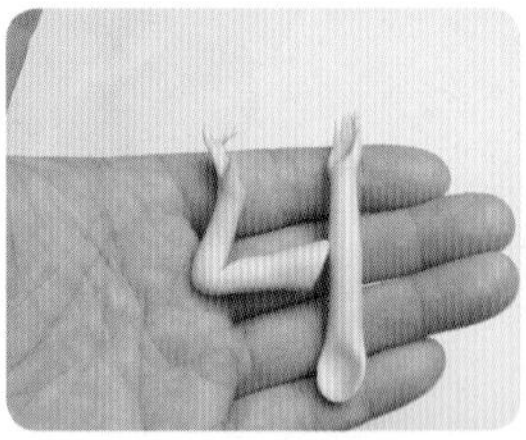
10 做出两只胳膊

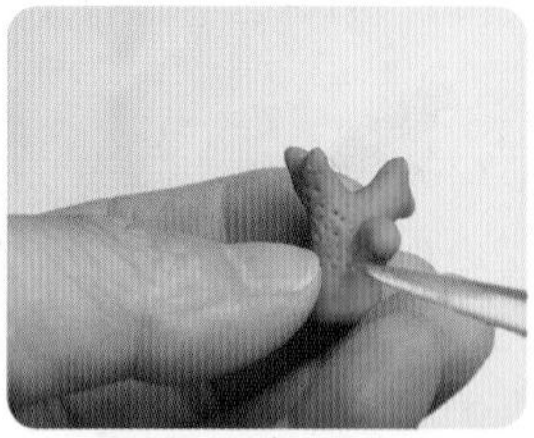
11 珊瑚的塑造

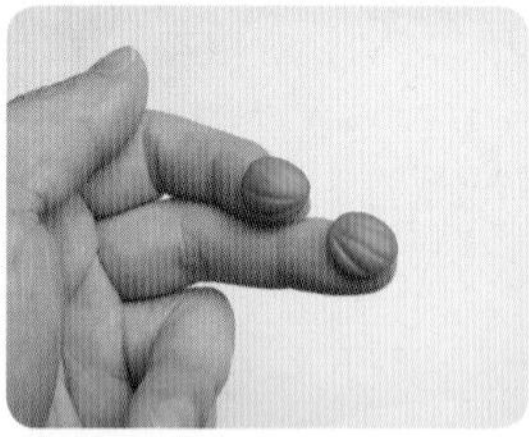
12 做出两胸罩

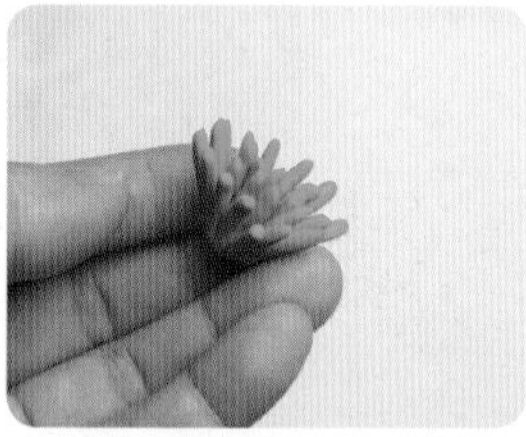
13 做点珊瑚虫

14 组装完成

观音

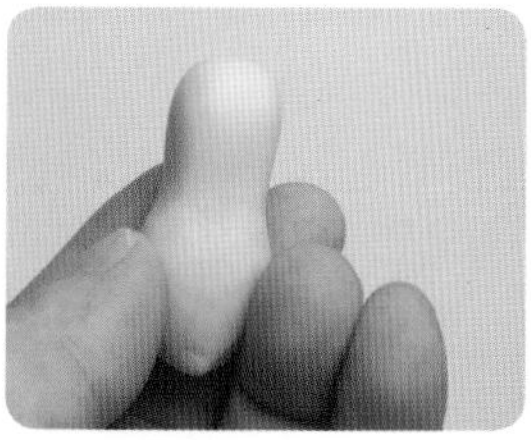
1 准备做头部

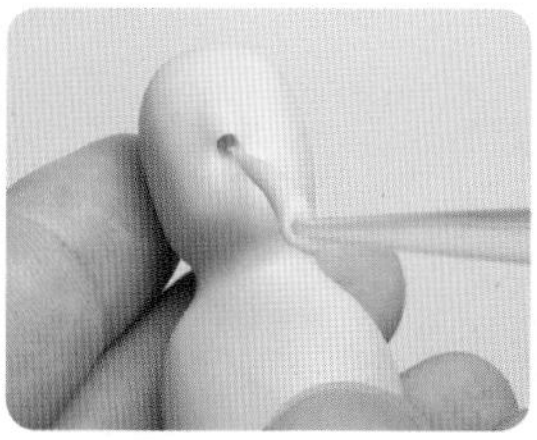
2 挑鼻孔、填补

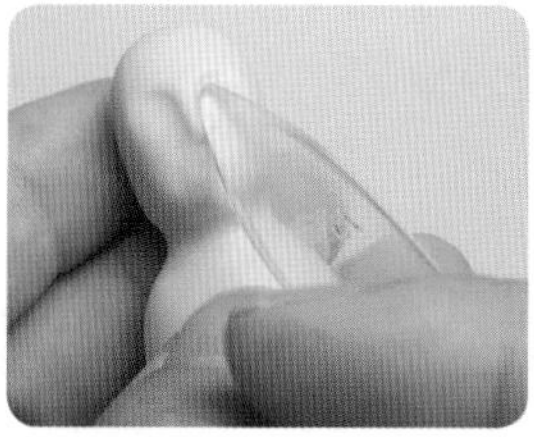
3 压眼眶

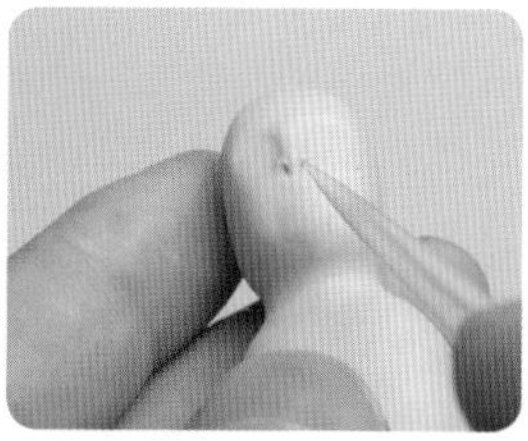
4 挑出鼻翼

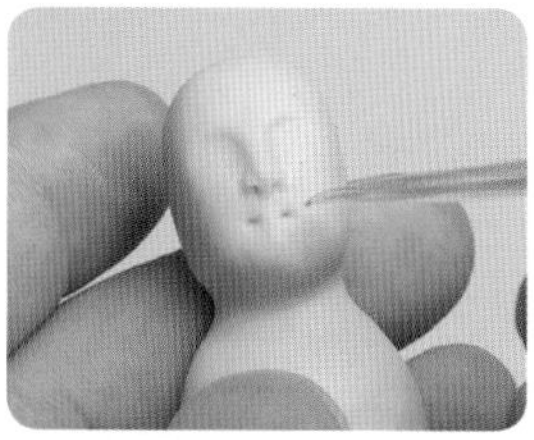
5 定嘴角

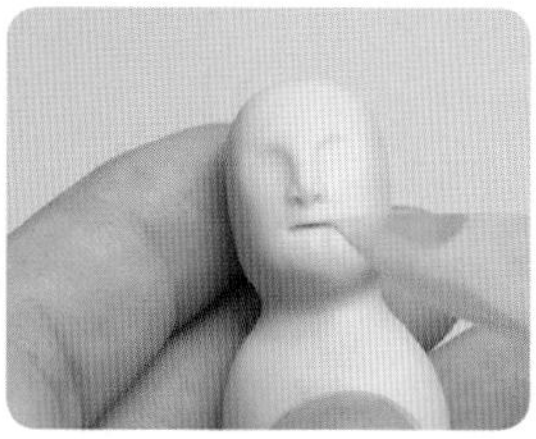
6 切开上下唇

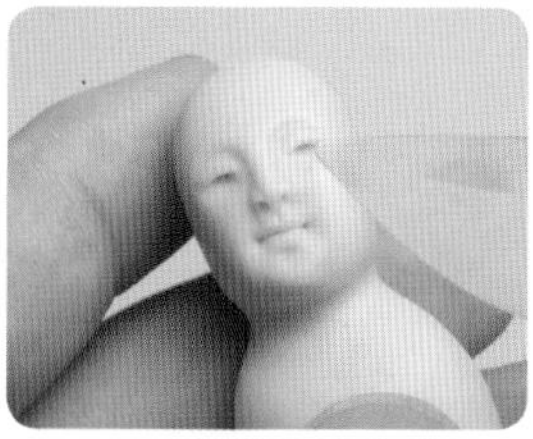
7 开眼

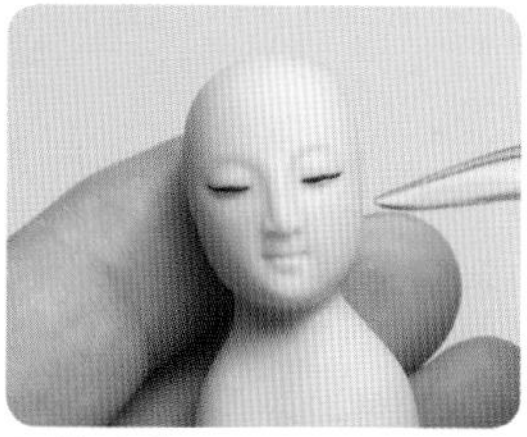
8 贴睫毛

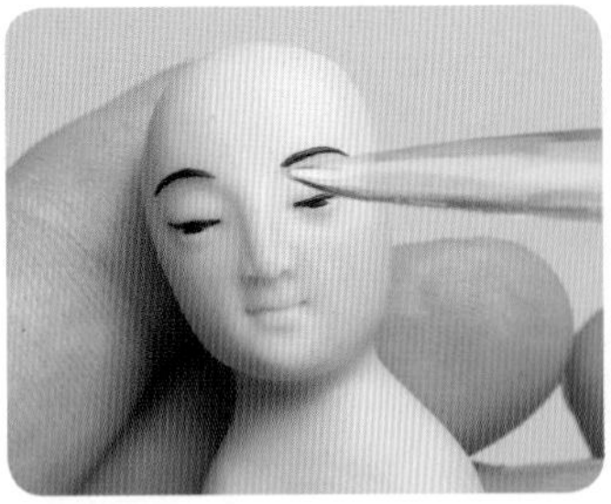
9 贴眉毛

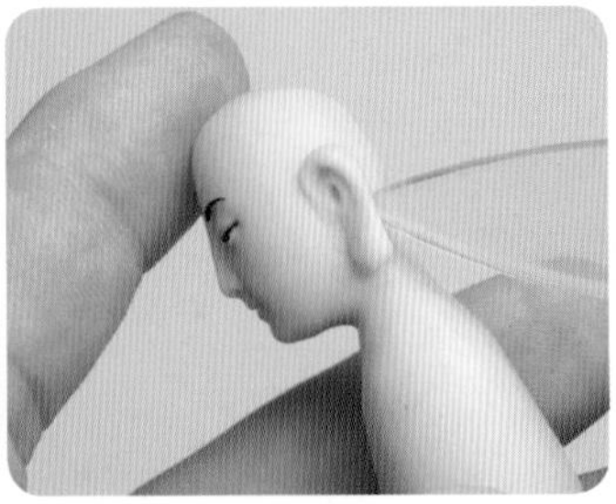
10 塑出耳朵

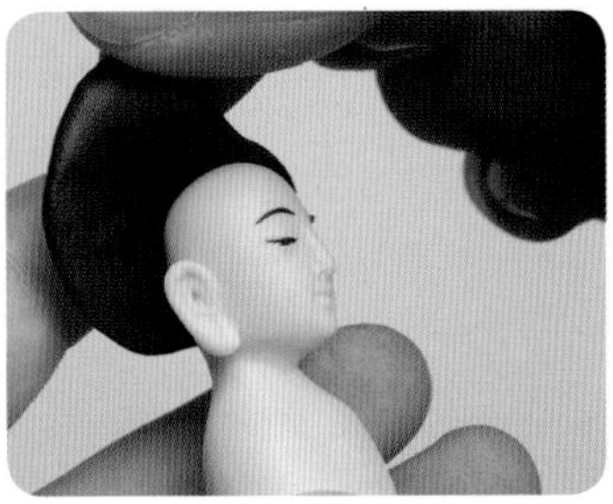
11 裹头发

12 切发丝

13 做出头饰

14 粘贴

15 描嘴唇

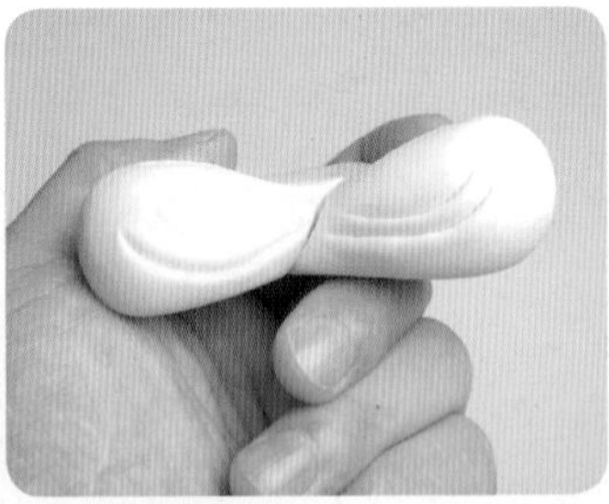
16 做双腿

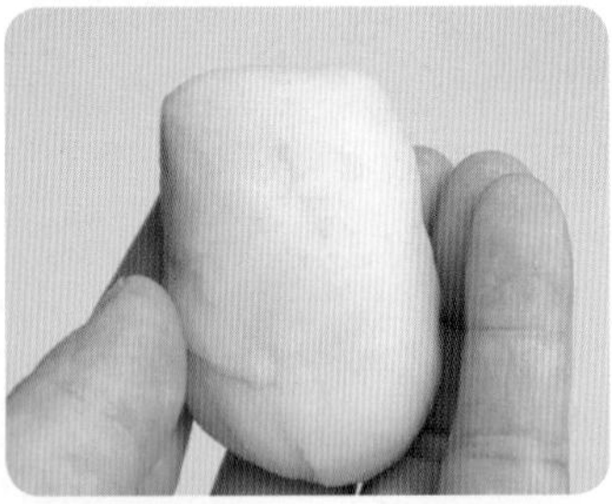
17 做身体

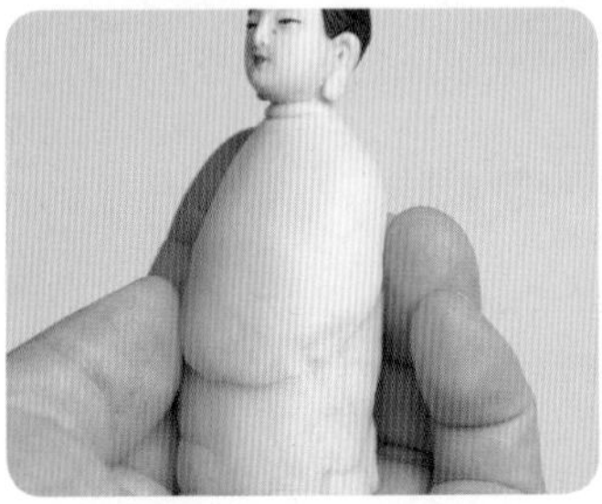
18 对接抹光

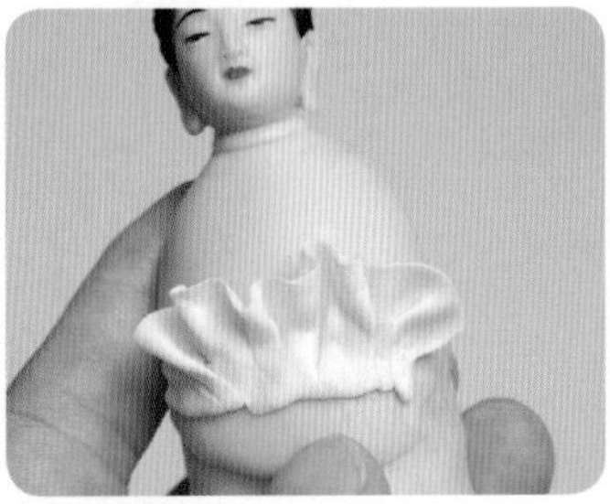
19 做胸襟，贴在胸前

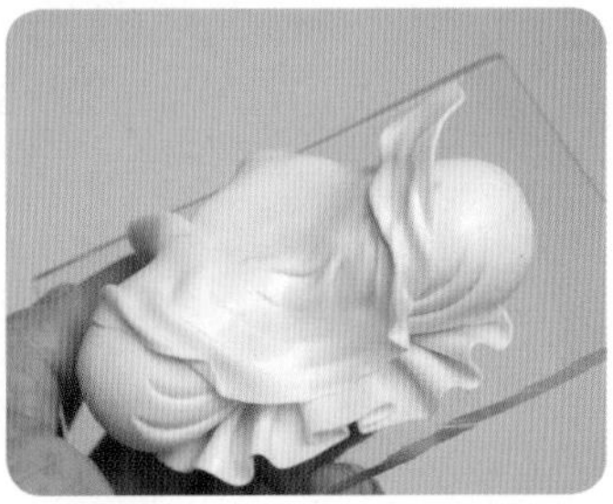
20 做裙子

21 身体与腿部对接

22 压大片裹衣服

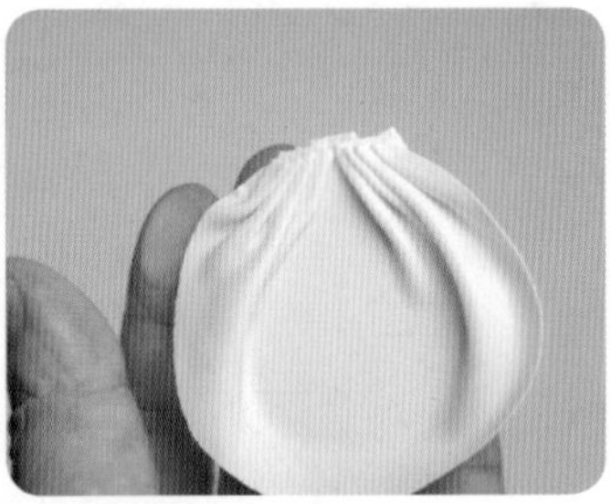
23 叠胸襟下摆

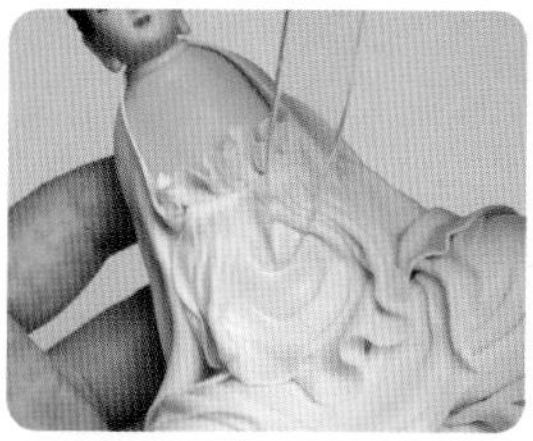
24 贴上并划出衣纹

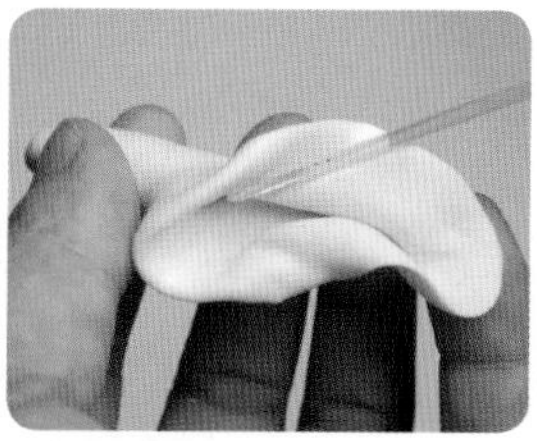
25 做衣袖

26 与身体对接

27 划出衣袖上的褶

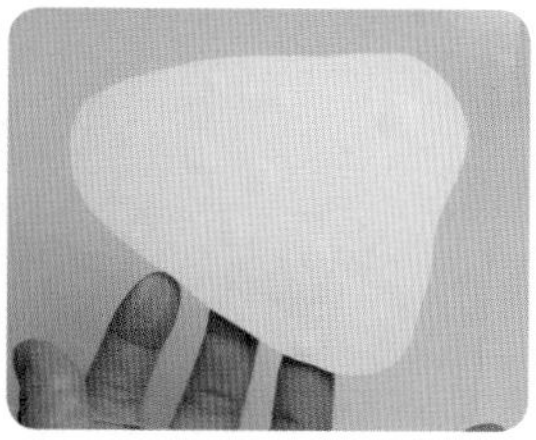
28 压片做头巾

29 包裹完成

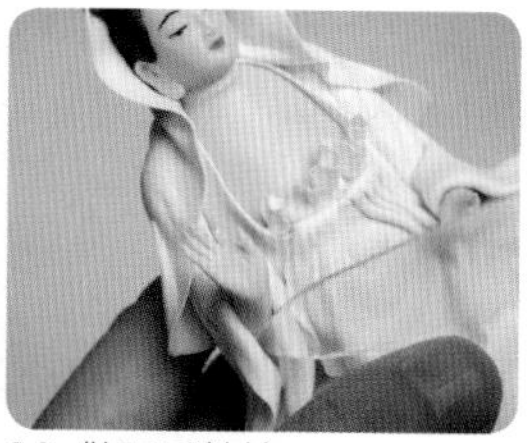
30 做双手粘接

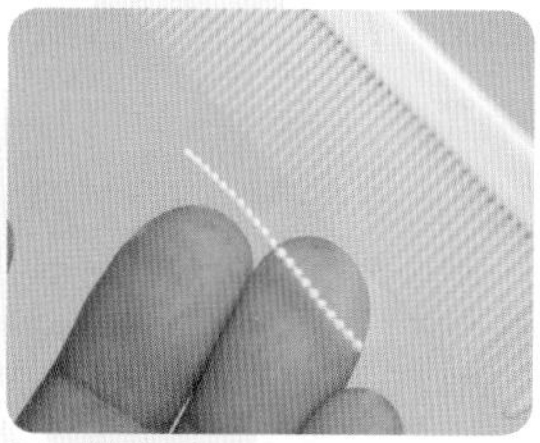
31 搓珠子

32 装饰前胸

33 做杨枝

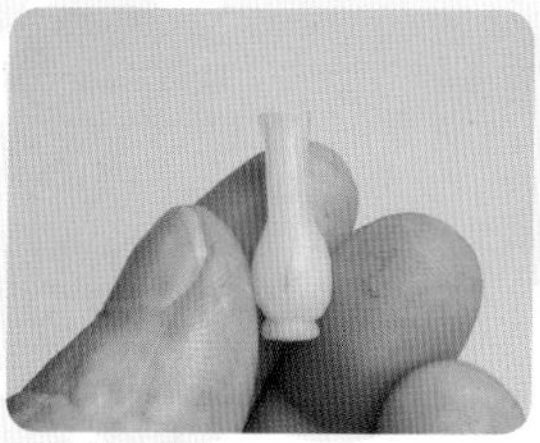
34 做玉瓶

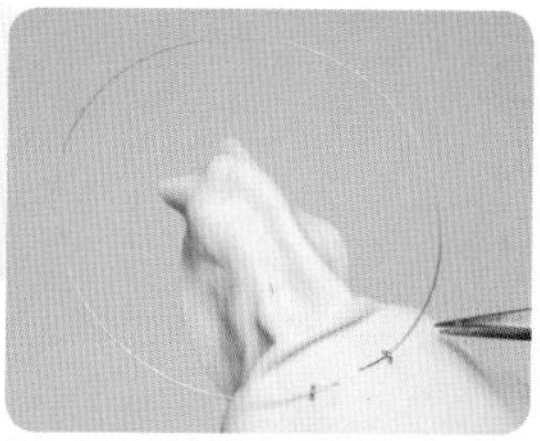
35 用铜丝做光环扎在肩后

36 安装玉瓶杨枝

38 完成观音

37 做莲台

（二）高级面塑制作方法

龙回首

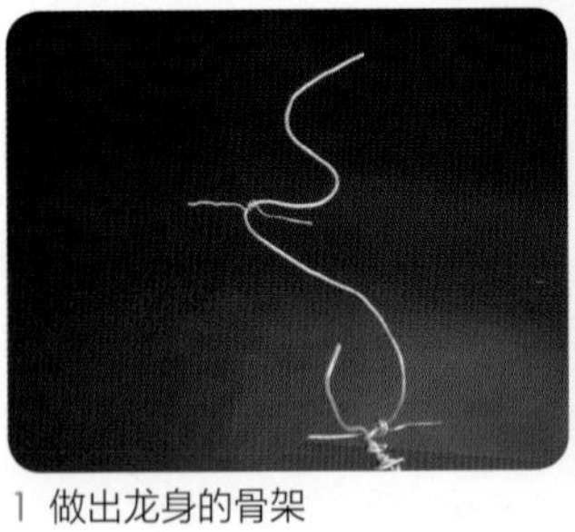

1 做出龙身的骨架

2 将面搓成条

3 将面条固定在骨架上

4 搓出龙肚皮所需的面

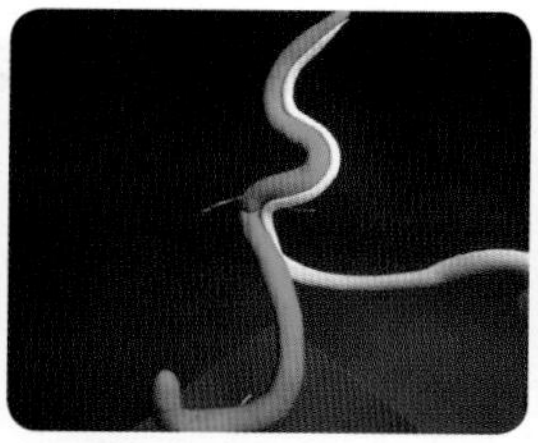
5 粘贴在龙身上

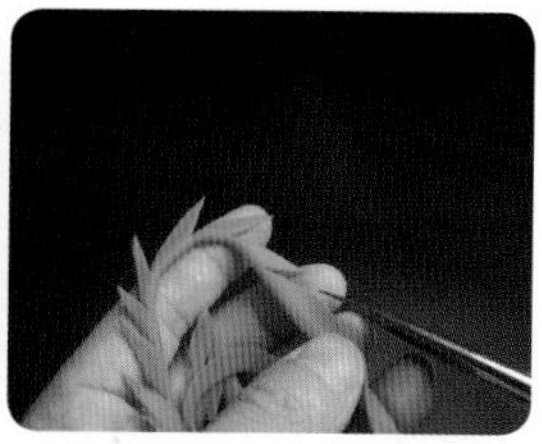
6 做背鳍

7 粘接

8 做龙尾，完成龙身

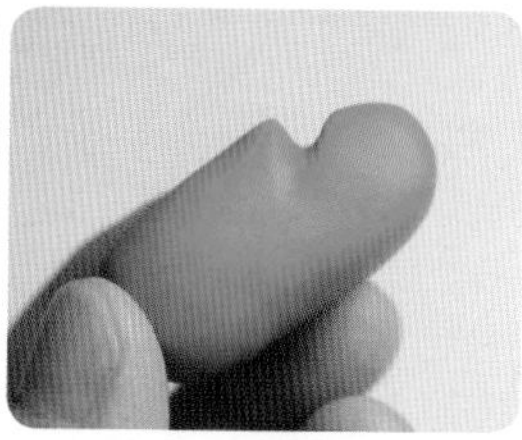
9 做龙头并塑造额头

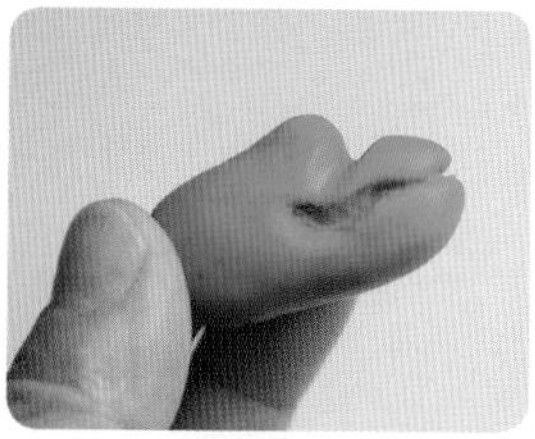
10 切分上下颚

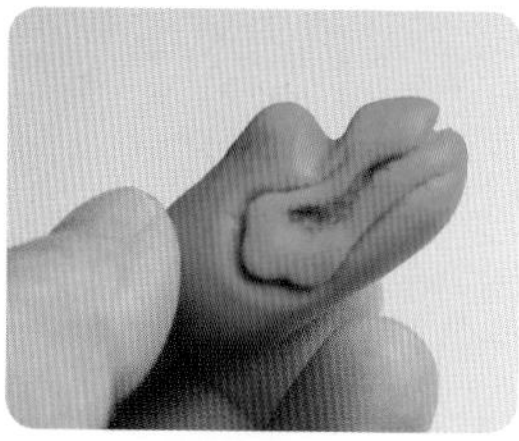
11 切分上下唇

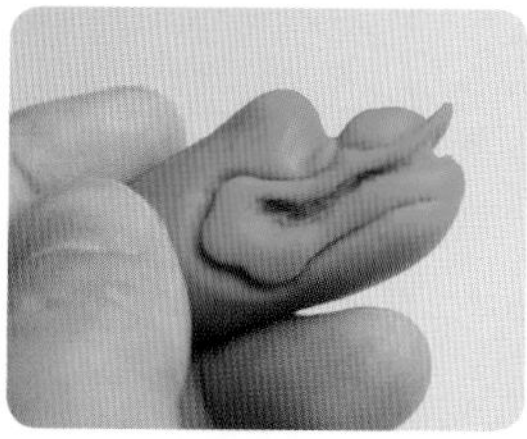
12 塑出上唇

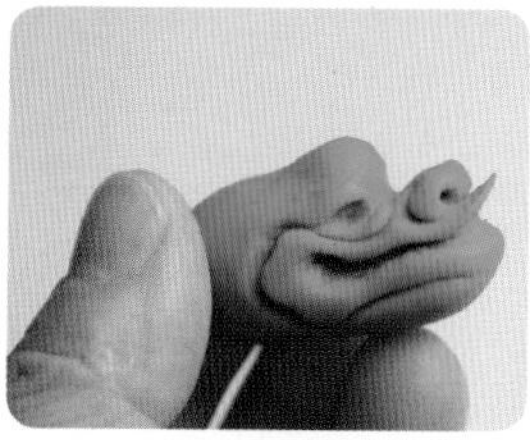
13 塑出鼻子和眼窝

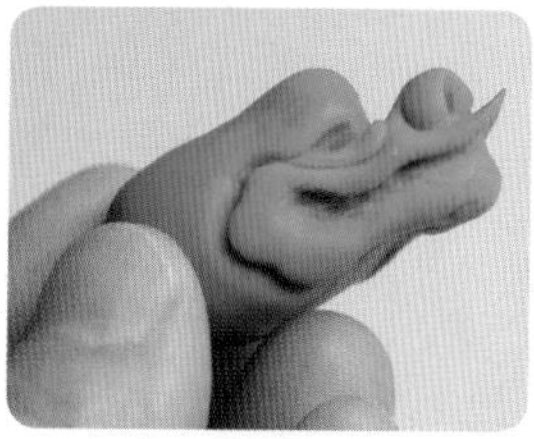
14 去掉下巴多余部分

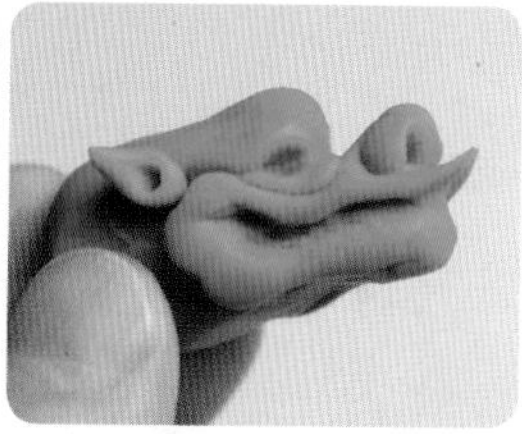
15 装上耳朵

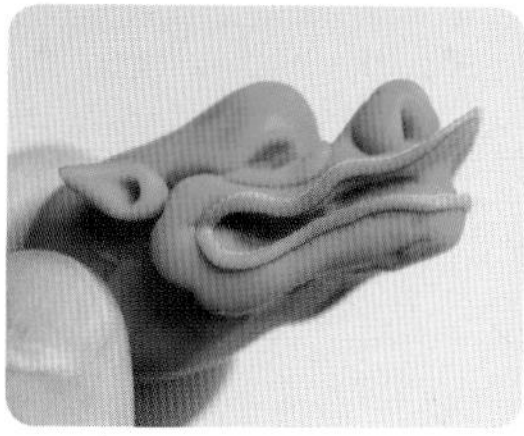
16 贴上唇边

17 镶眼睛

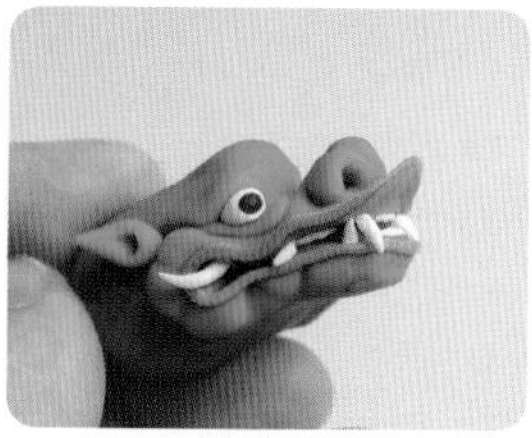
18 镶上全部牙齿

19 贴上眉毛

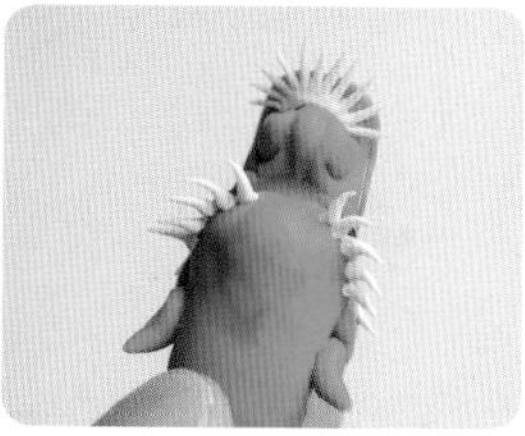
20 贴水须

21 和身子对接装上龙角

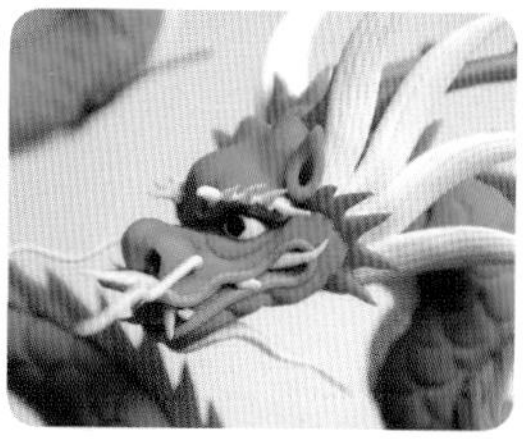
22 组装毛发腮刺和脚即完成

龙摆尾

1 塑造龙身，弯曲自然

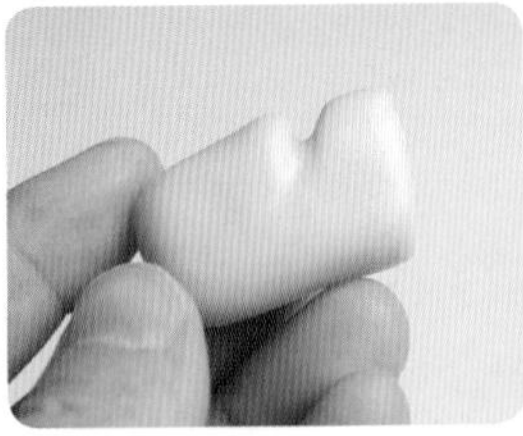

2 塑造出额头

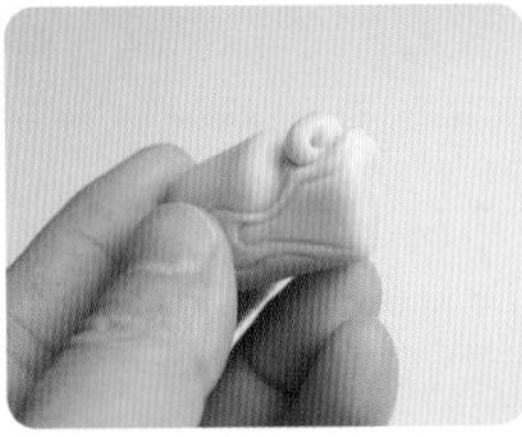

3 塑出鼻子

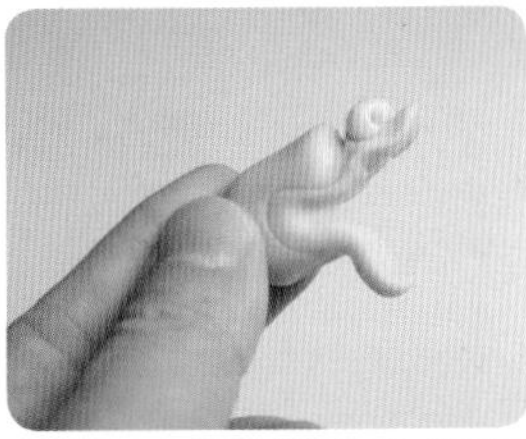

4 将上下颚开嘴角塑造成圆形

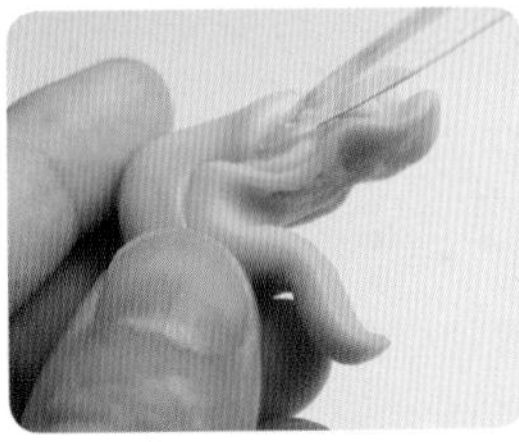

5 开出眼窝

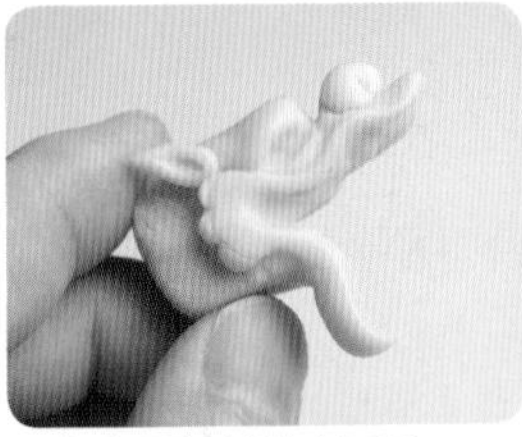

6 塑出腮帮并装上耳朵

7 镶上眼睛

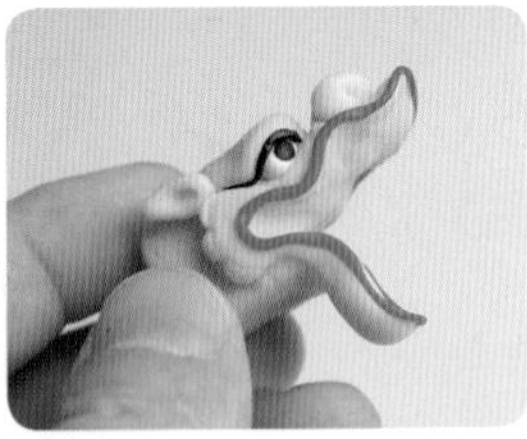

8 贴上唇边

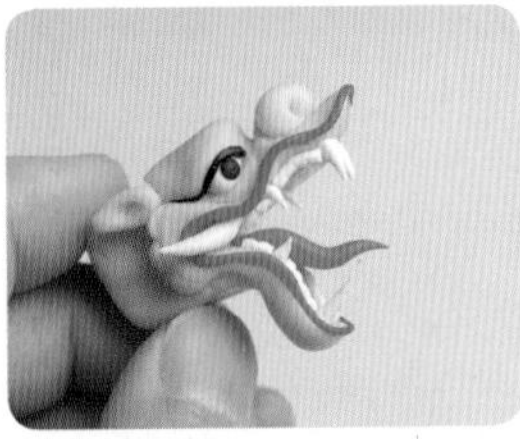

9 镶上全部牙齿和舌头

10 和龙身对接

11 装龙角贴毛发贴腮刺即完成

福星

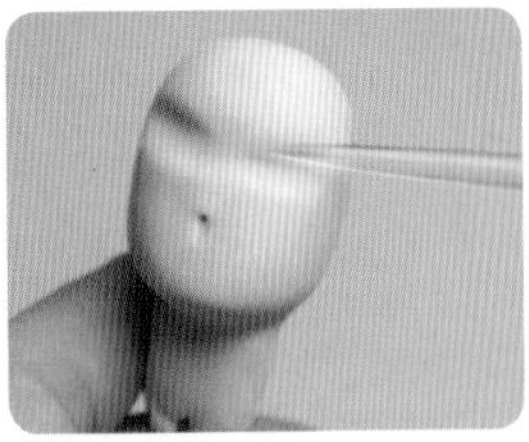
1 确定三庭，压出眼窝

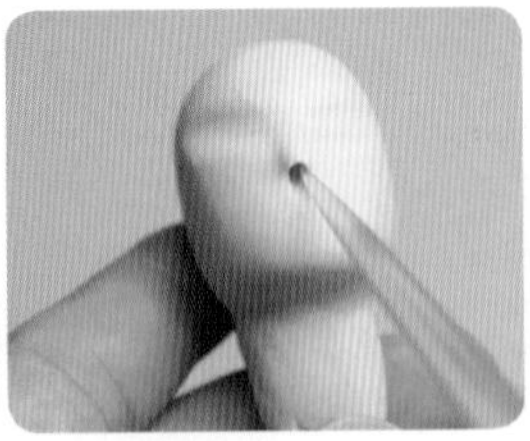
2 挑出鼻孔

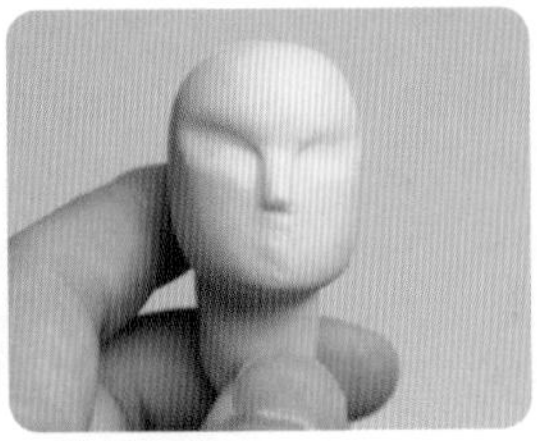
3 填补后抹光

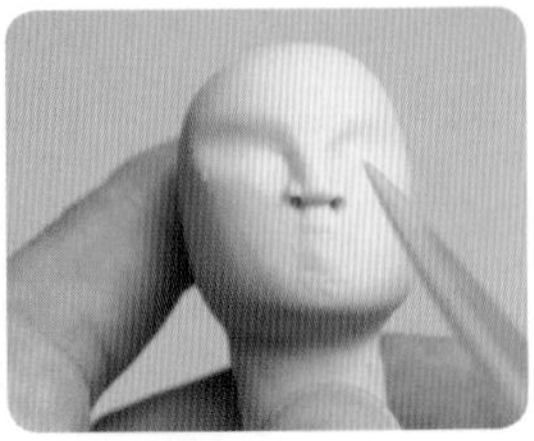
4 挑出鼻翼

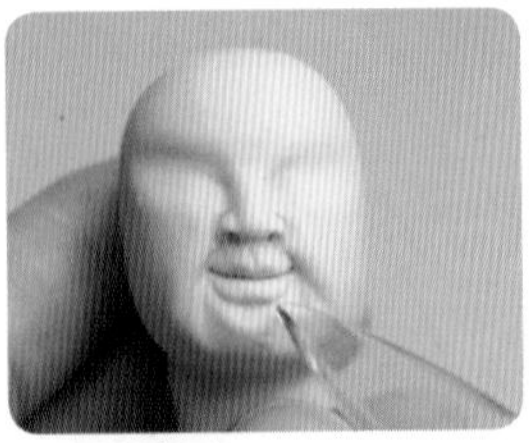
5 塑出嘴型

6 开眼

7 镶白眼球儿

8 镶黑眼珠儿，注意眼神

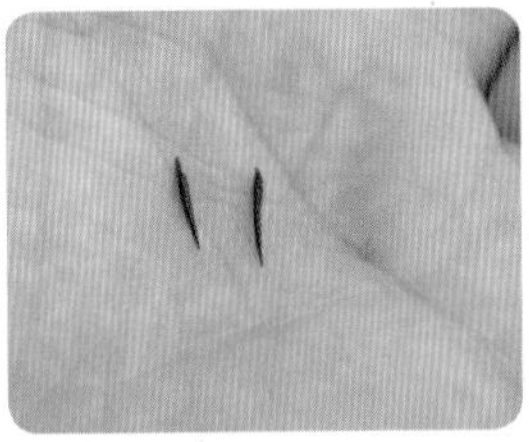
9 搓出睫毛

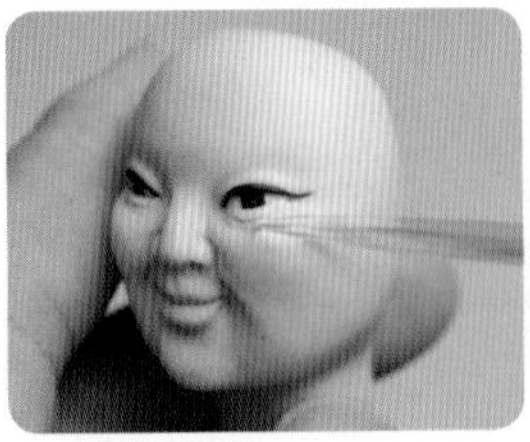
10 眼部塑型

11 搓出眉毛，粘上

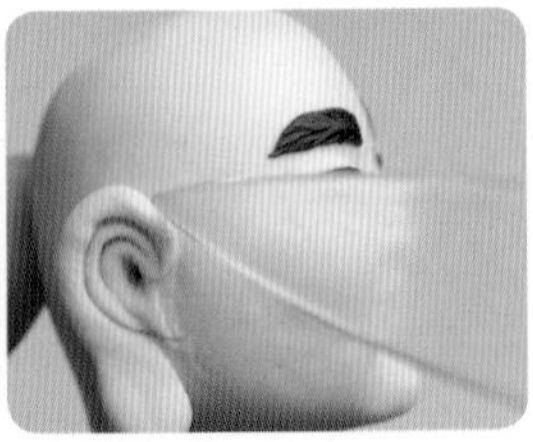
12 塑耳朵

13 面部完成

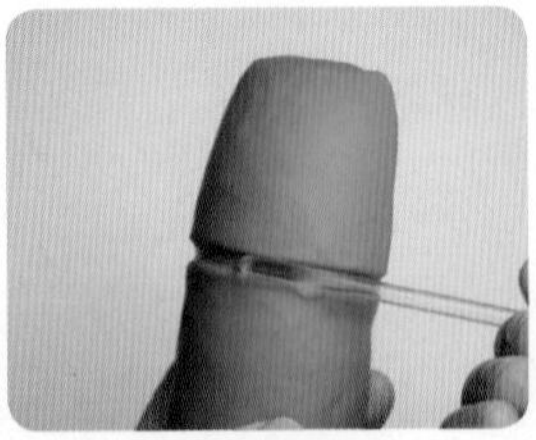
14 塑身体

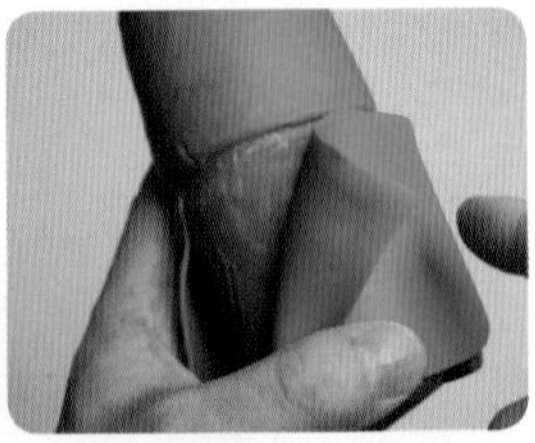
15 贴上前襟

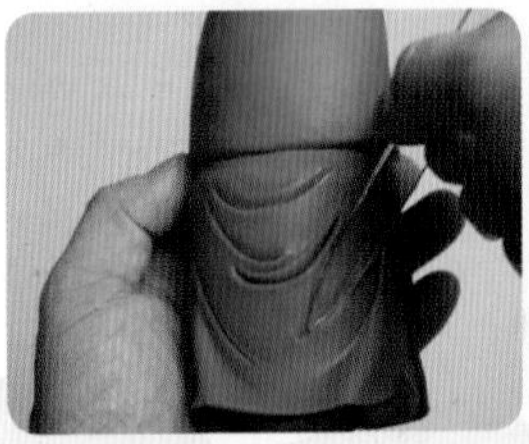
16 划出衣褶

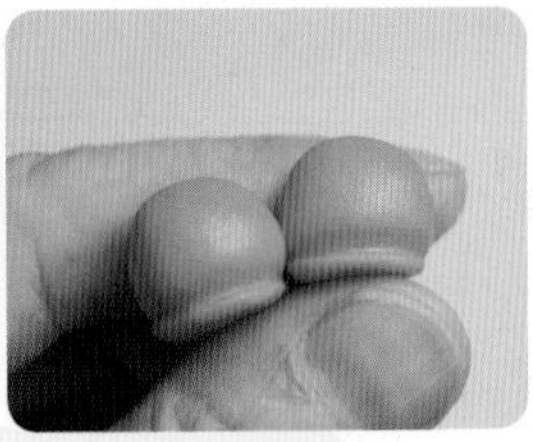
17 做出两只鞋子

18 安上头部

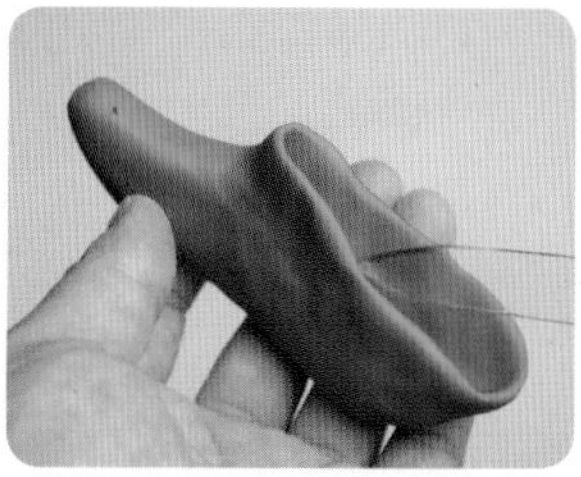
19 塑衣袖

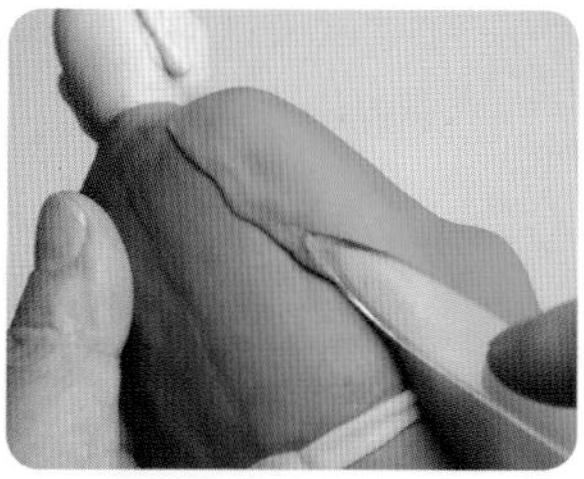
20 粘接

21 两袖完成

22 贴头发

23 戴帽

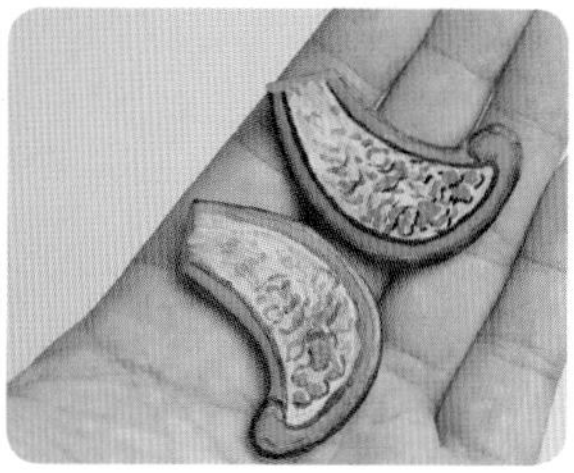
24 做帽耳

25 粘上，并装饰帽边

26 装上手掌，并描绘衣帽

27 贴胡须

28 胡须完成

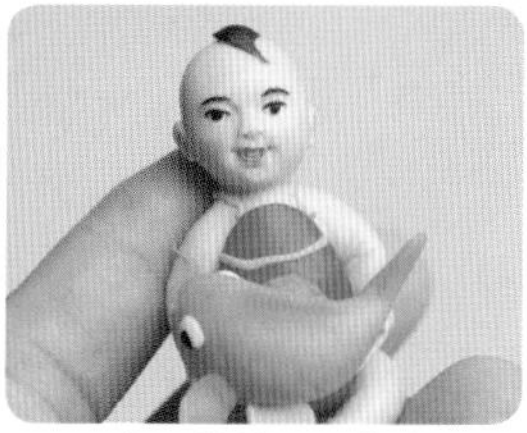
29 再塑一娃娃，即完成

关公

1 准备做关公头部所需面团及颜色

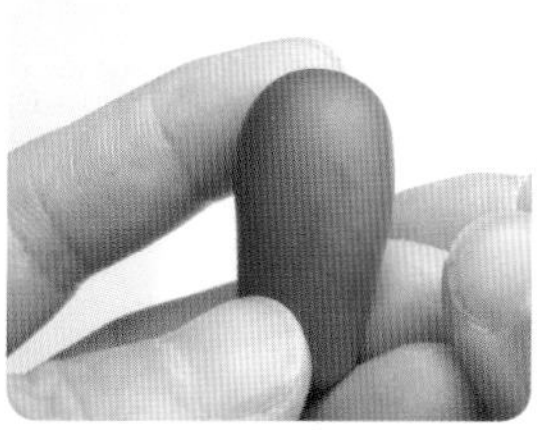
2 准备做头部

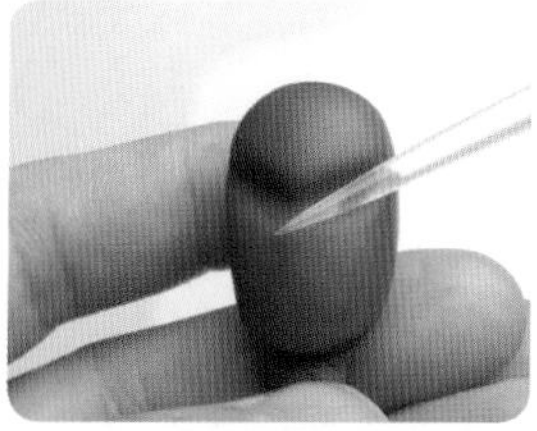
3 确定三庭，塑出额部并压出眼睛所在位置

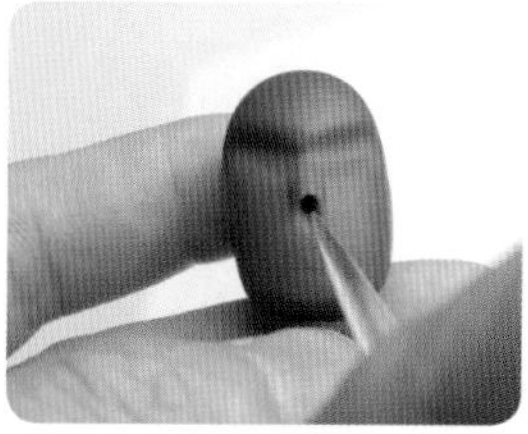
4 确定三庭并挑鼻孔

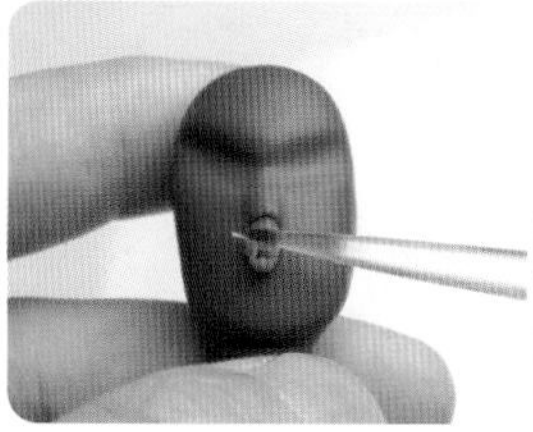
5 填补

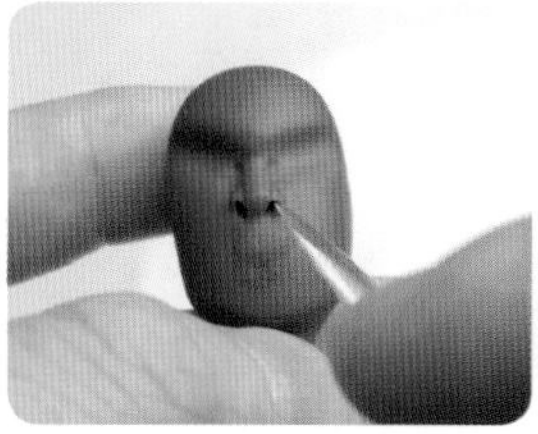
6 挑鼻翼

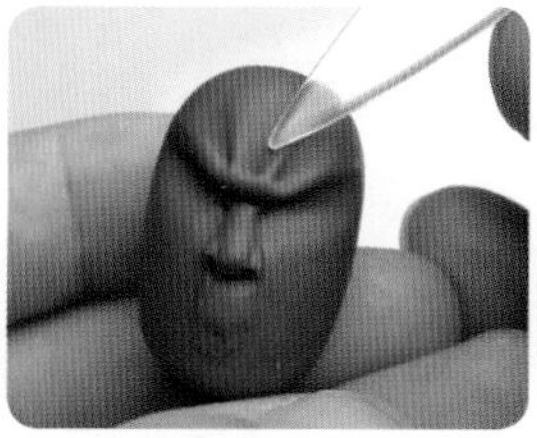
7 塑出额部皱纹

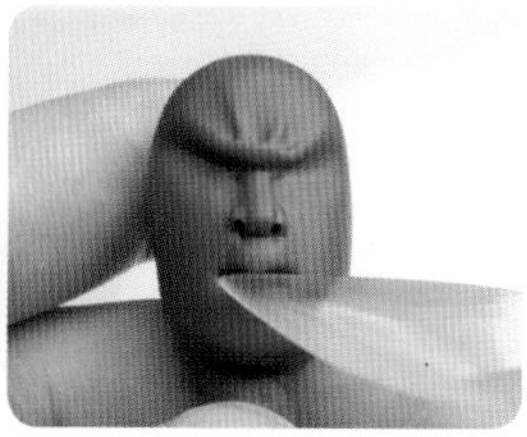
8 切开上下嘴唇

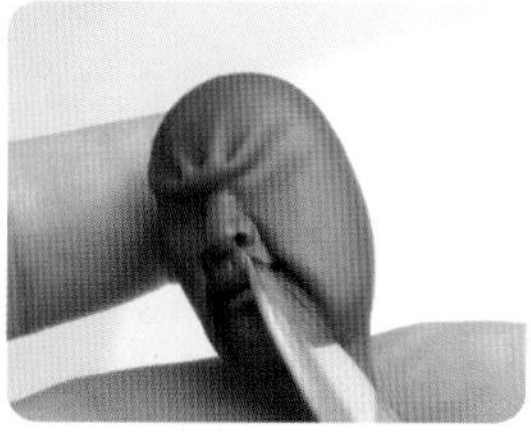
9 塑出脸颊

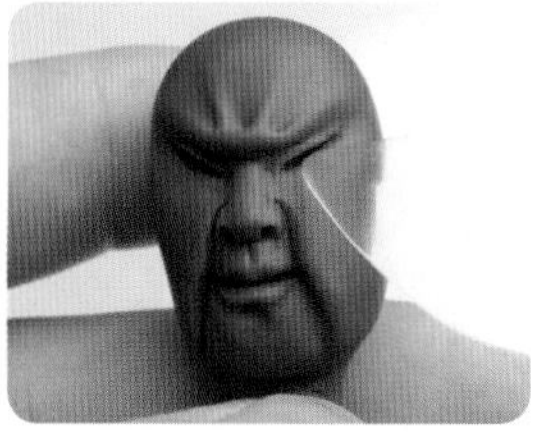
10 开眼

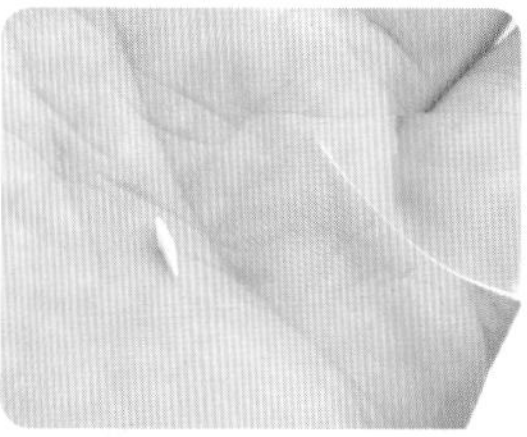
11 搓白眼球儿

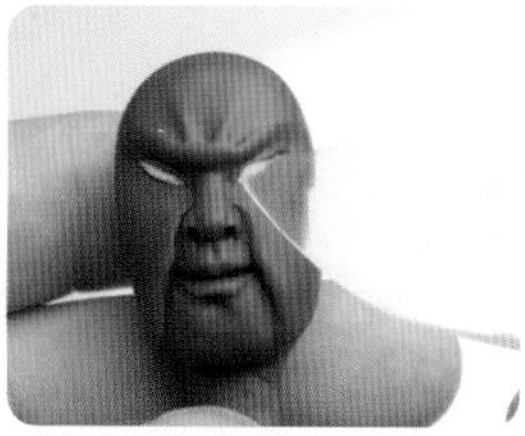
12 填入眼眶

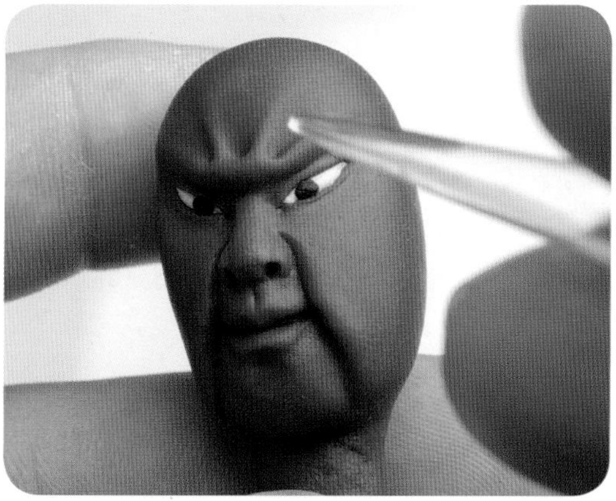
13 镶黑眼珠儿

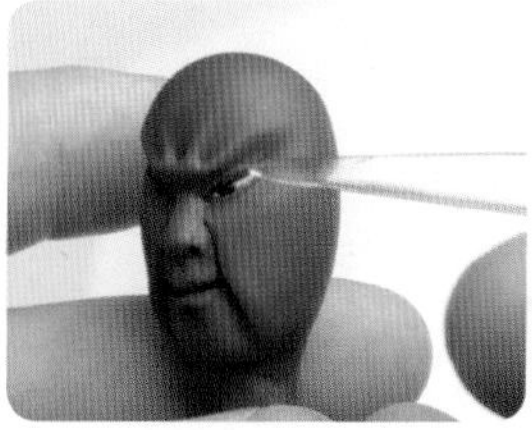
14 粘睫毛

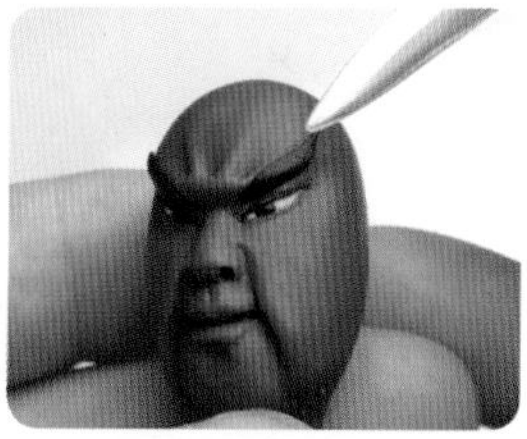
15 粘眉毛并塑出眉毛外形

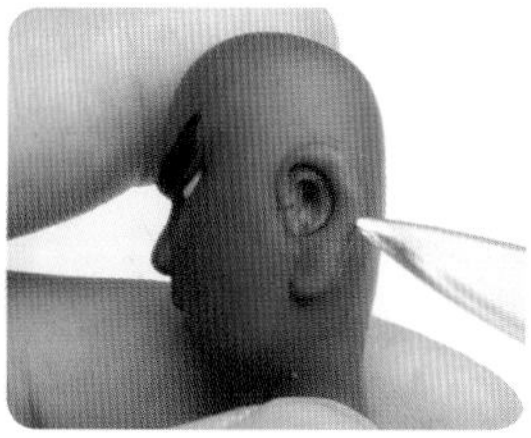
16 塑出耳朵

17 做头发

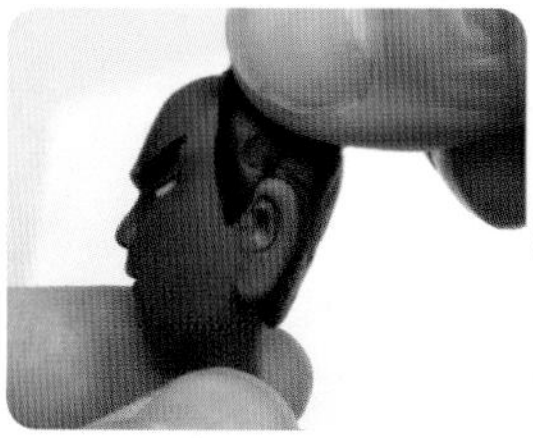
18 粘头发

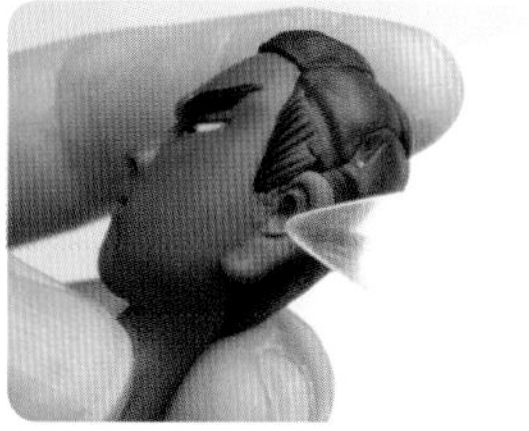
19 切出发丝

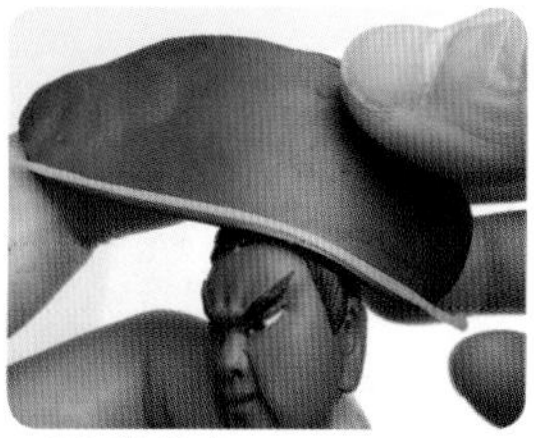
20 粘头巾

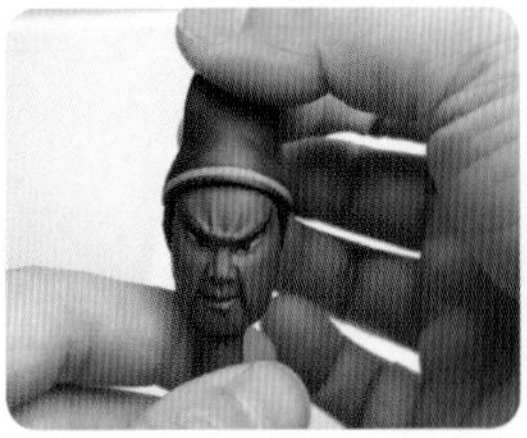
21 塑出头巾外形

22 粘头绳结

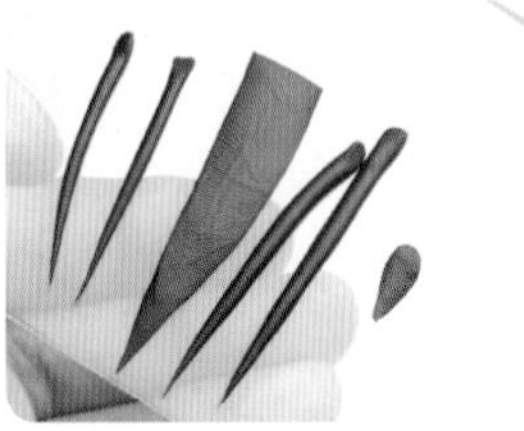
23 做胡须

24 粘上胡须，头部完成

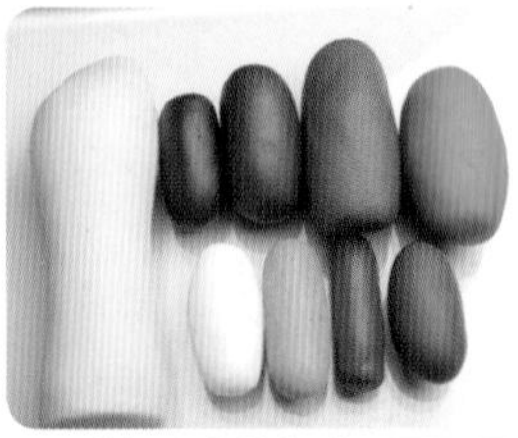
25 准备出身体部分所需面团

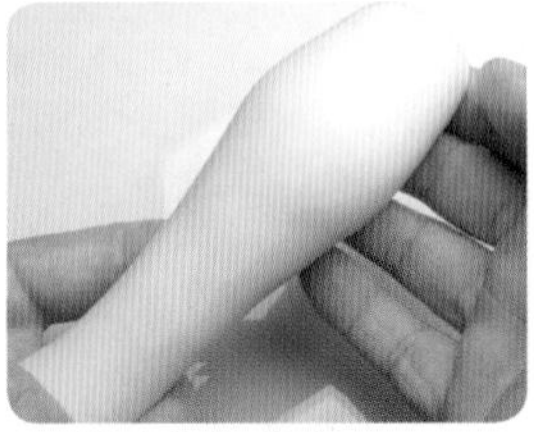
26 塑出身体大形

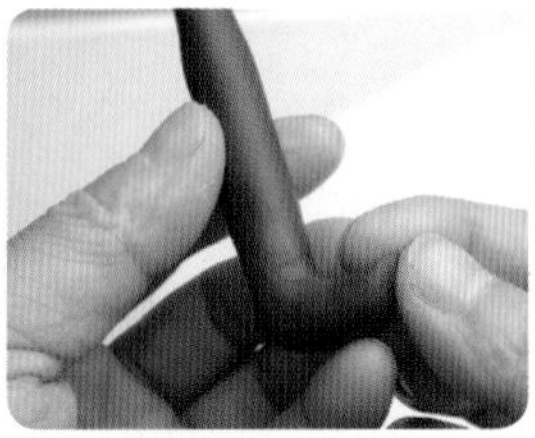
27 塑出脚部形状

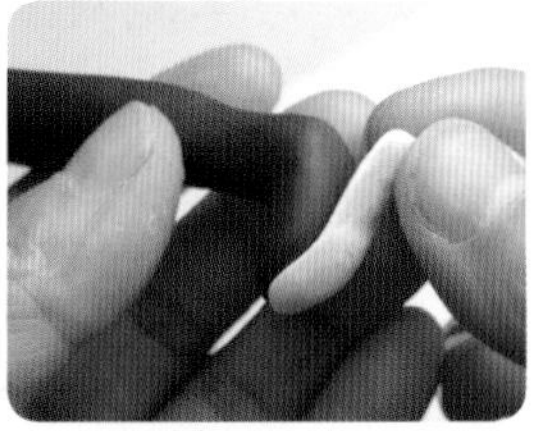
28 做出靴底部

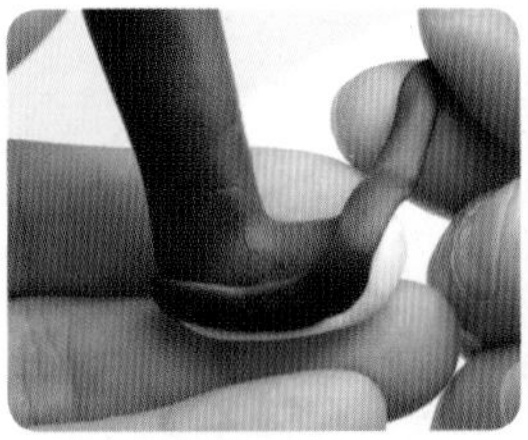
29 粘上靴边

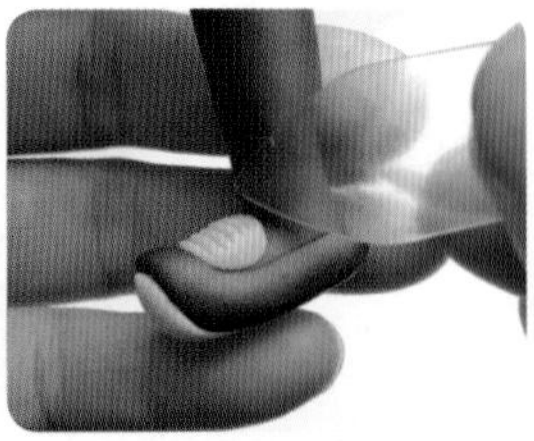
30 塑出靴面花纹

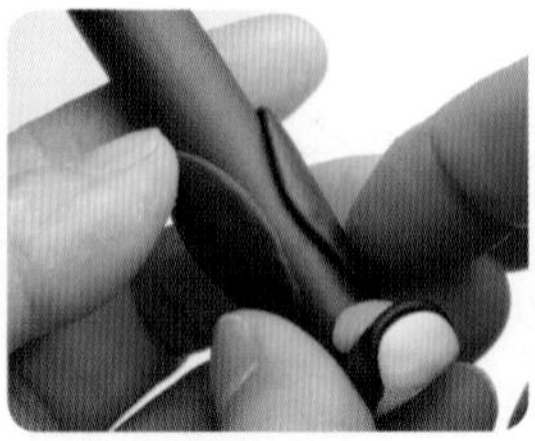
31 做出靴帮部分

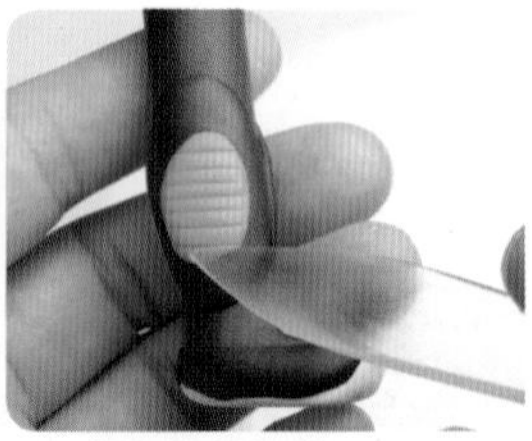
32 装饰靴帮部分

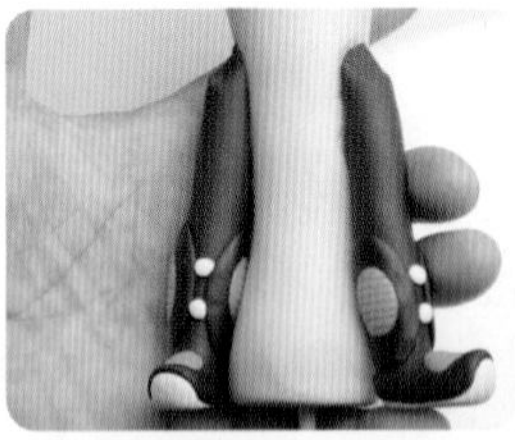
33 组装两腿部

34 将面团压塑成片状

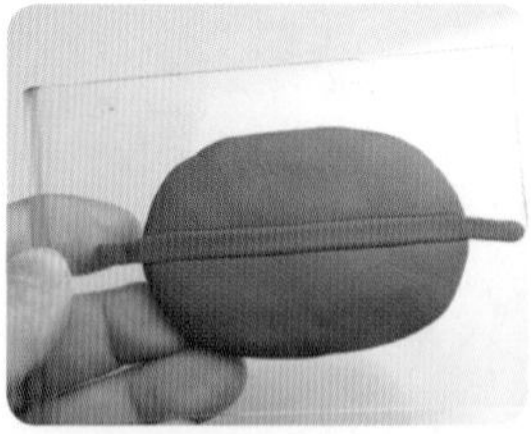
35 将细条贴在面片上

36 做出盔甲边

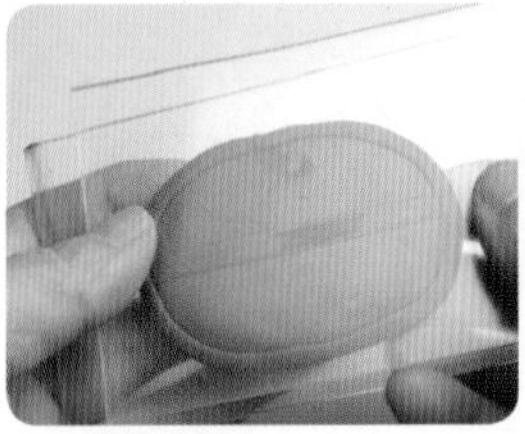
37 整形压扁

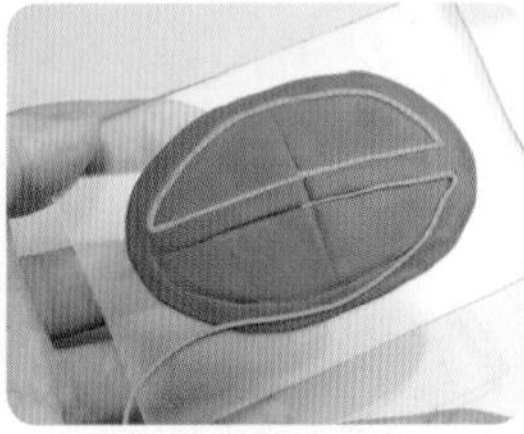
38 搓出黄色细线并装饰边缘

39 戳出盔甲片

40 盔甲片一分为二

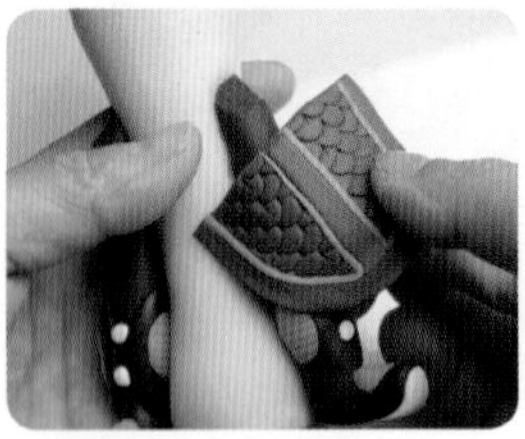
41 粘在膝盖部位

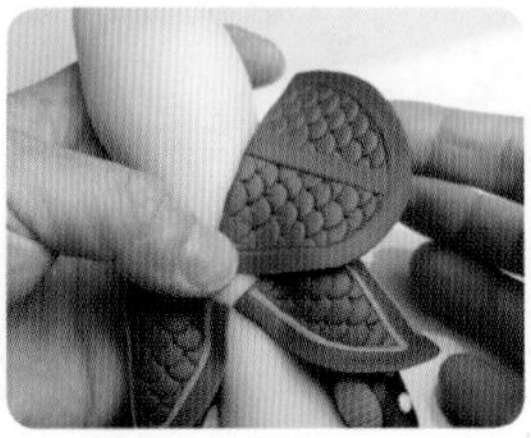
42 同样方法做出上一层甲片

43 腿部甲片组装完成

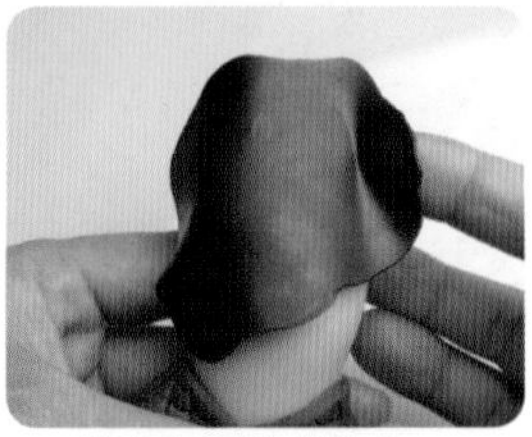
44 做胸部压片并粘上

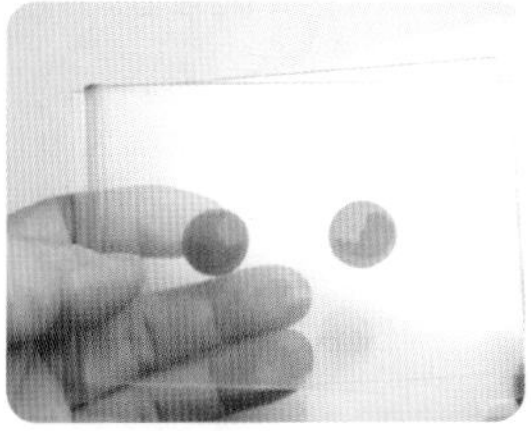
45 做出胸部盔甲片

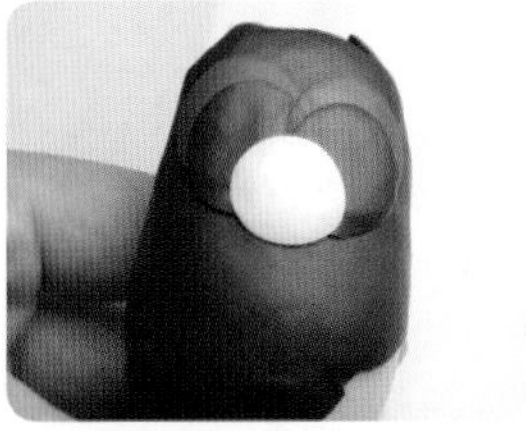
46 胸部甲片完成

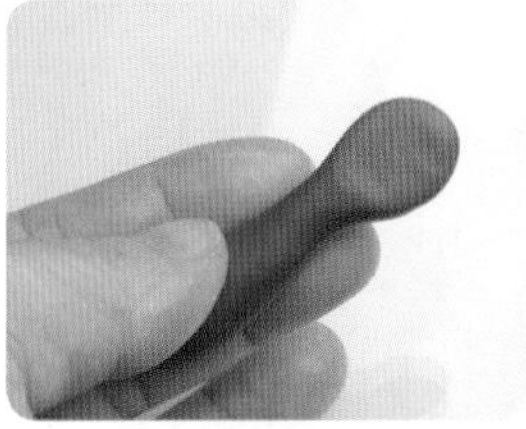
47 塑出手掌外形

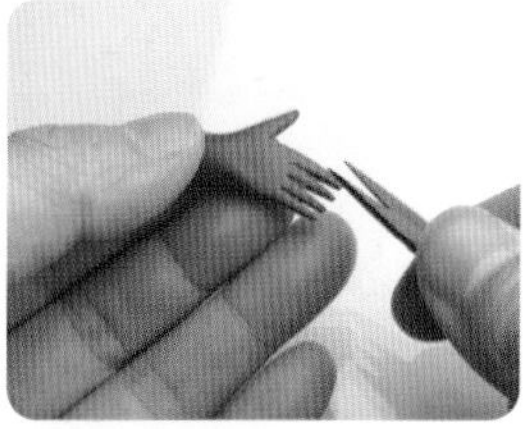
48 剪出手指

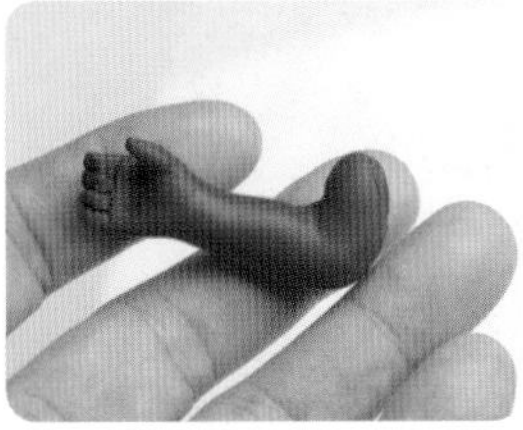
49 手掌完成

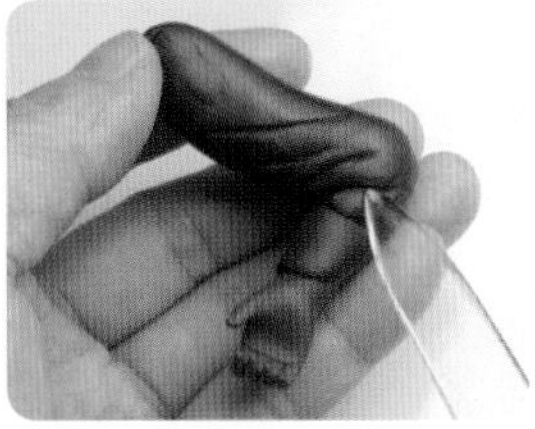
50 塑出衣褶

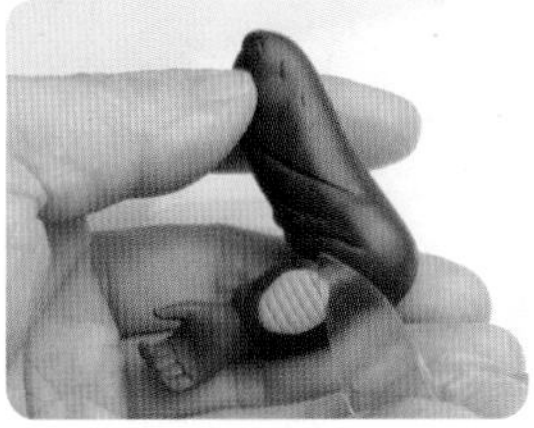
51 完成腕部塑造

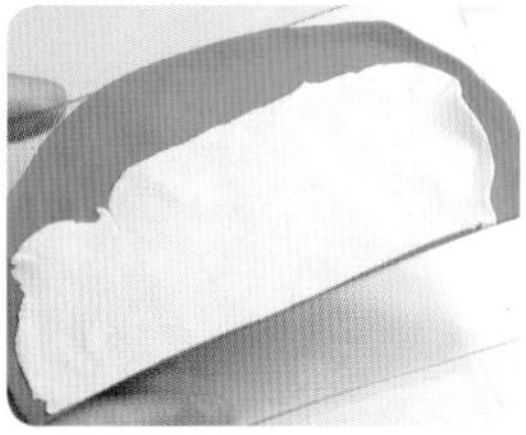
52 衣袖压片

53 裹衣袖

54 衣袖塑形

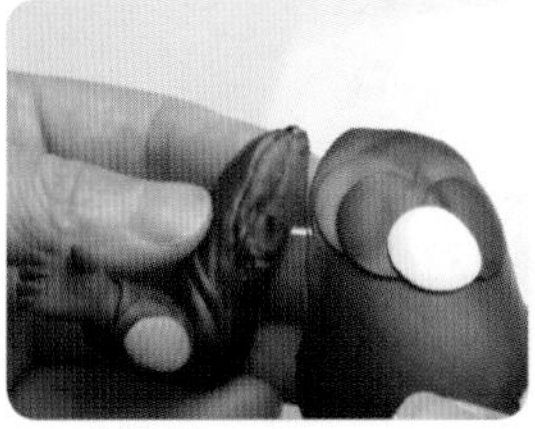
55 接右臂

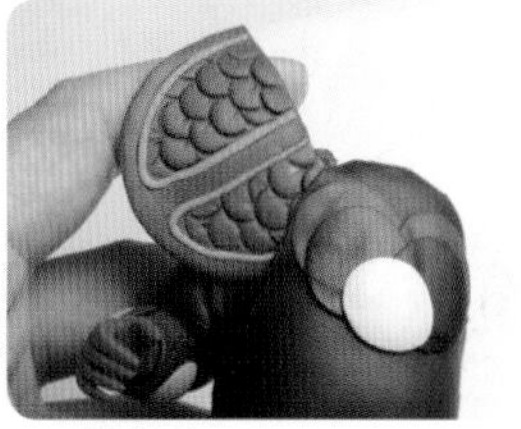
56 披肩甲

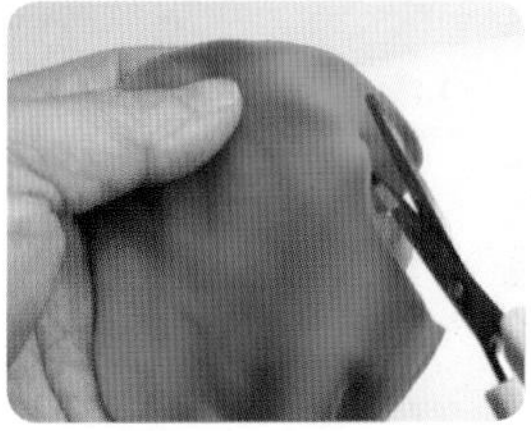
57 衣服压片，剪去多余部分

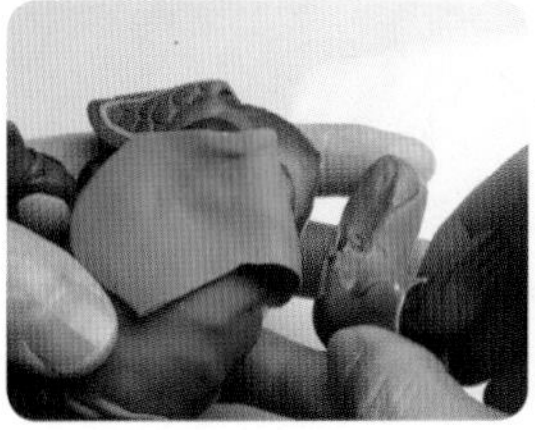
58 披在前胸，接左臂

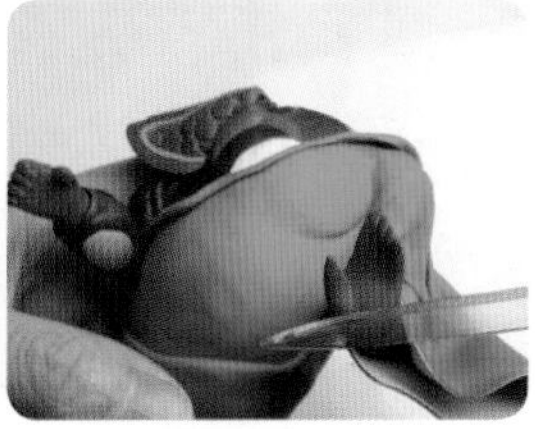
59 胸、臂塑形

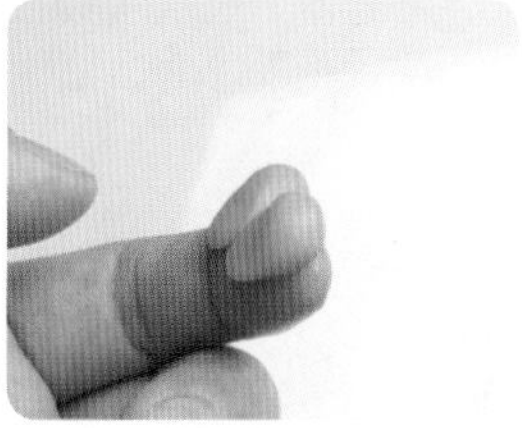
60 做出护肩兽头

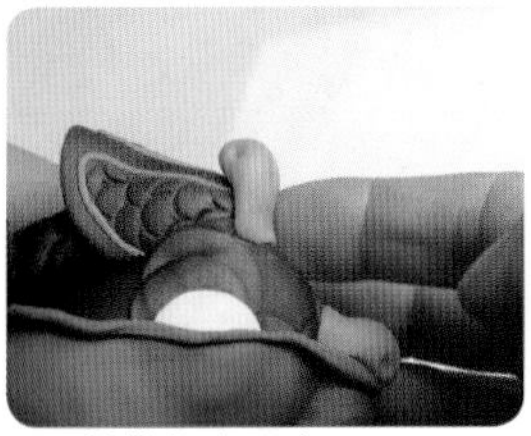
61 粘接在肩甲上

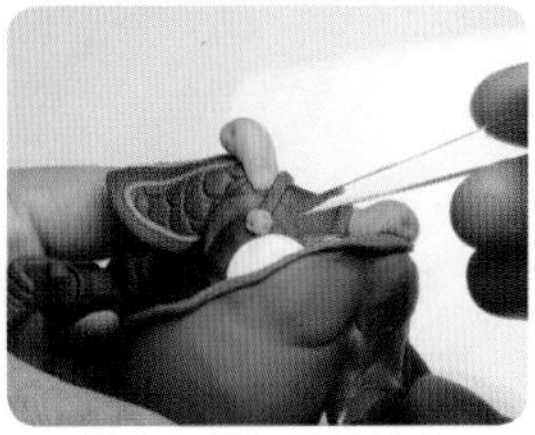
62 做出胸甲扣并粘接上

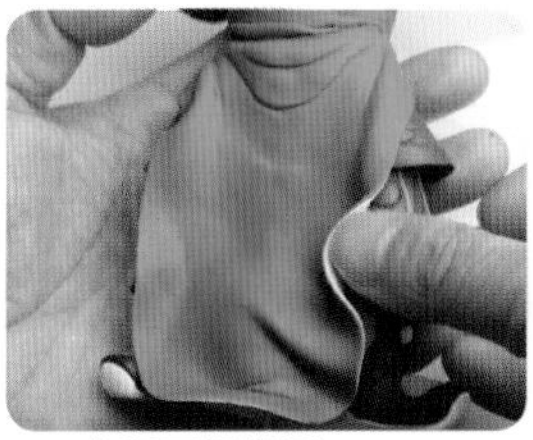
63 衣服下摆塑形

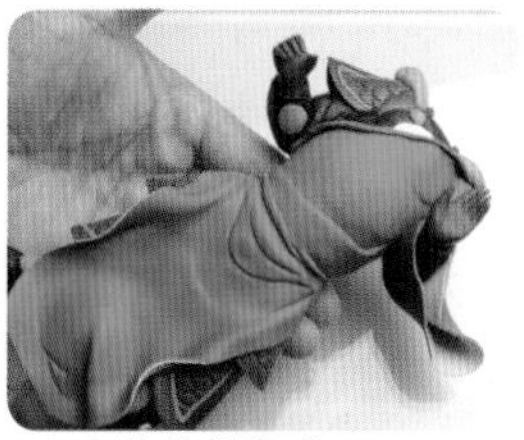
64 身体前部完成

65 组装头部完成

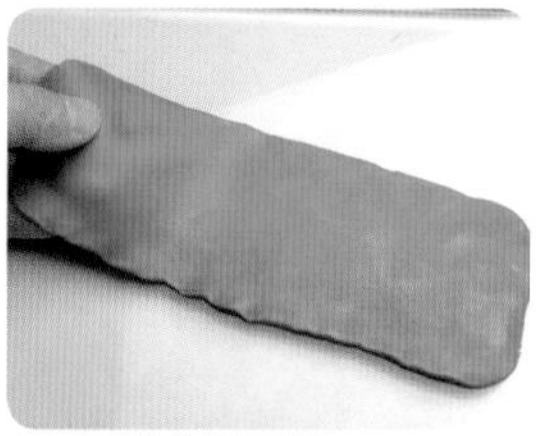
66 后背衣服压片

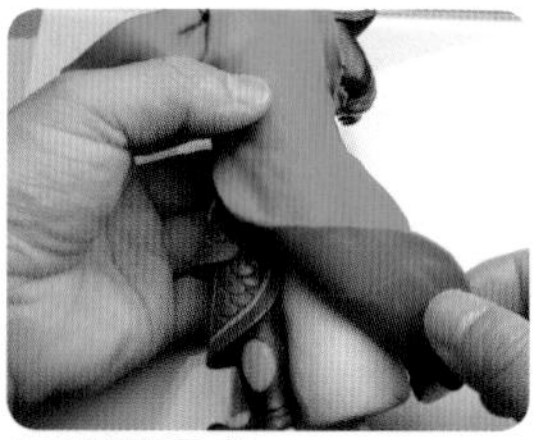
67 粘接完成

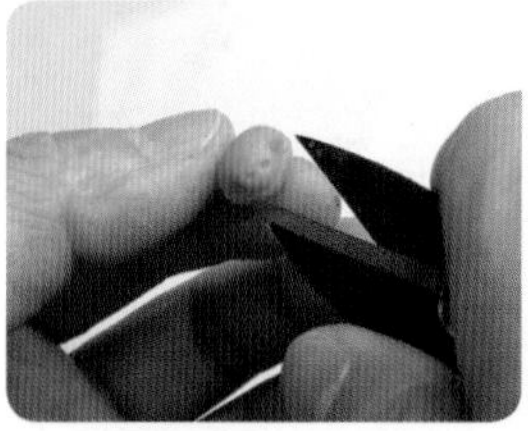
68 做腰带兽头

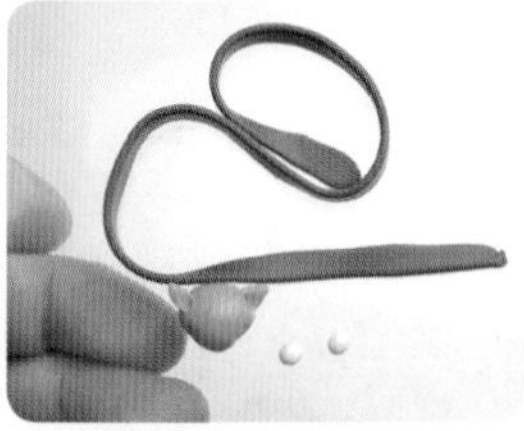
69 做腰及配饰

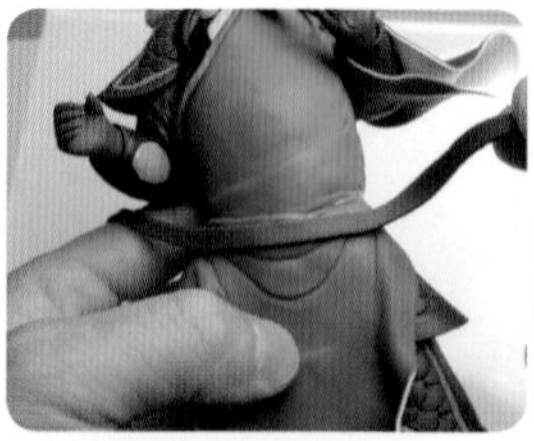
70 缠腰带

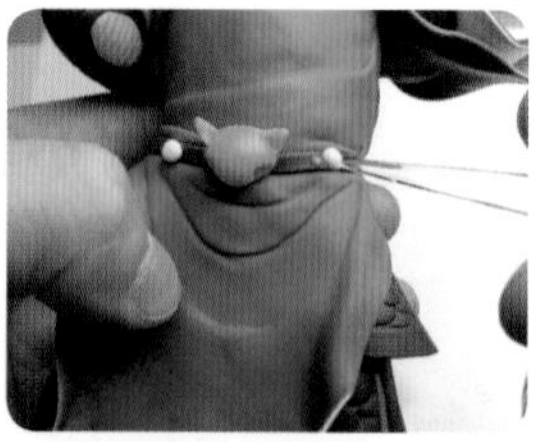
71 粘配饰

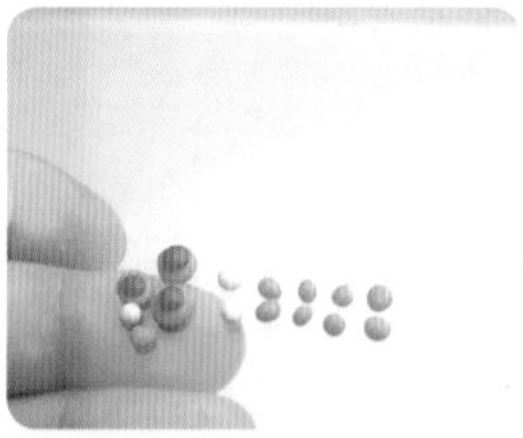
72 备出盔甲配饰

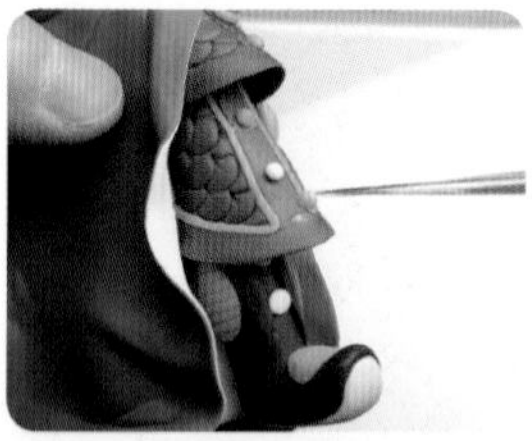
73 粘盔甲配饰

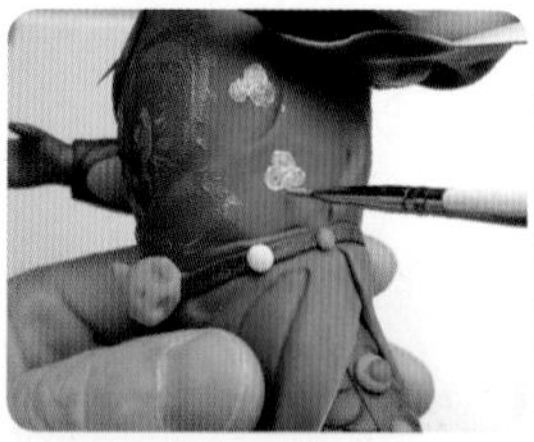
74 描绘

75 组装头饰

76 头巾压片

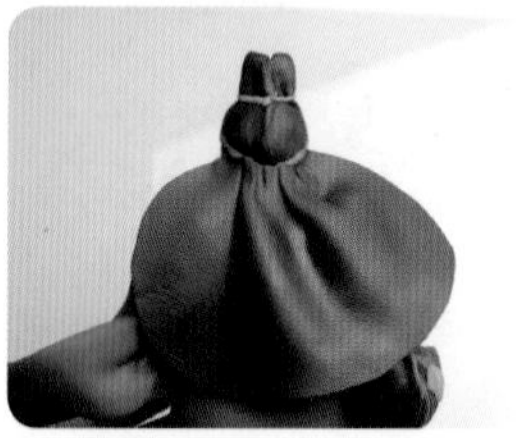
77 粘接

78 塑形

79 完成

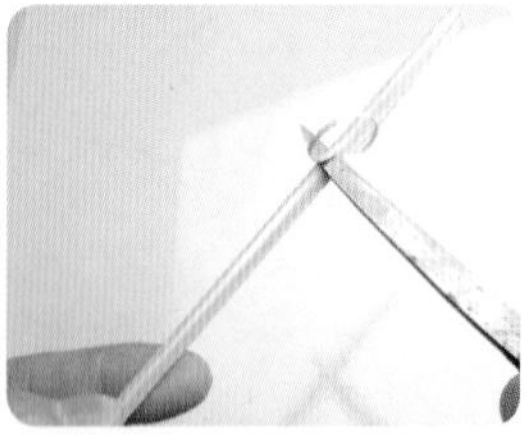
80 做大刀

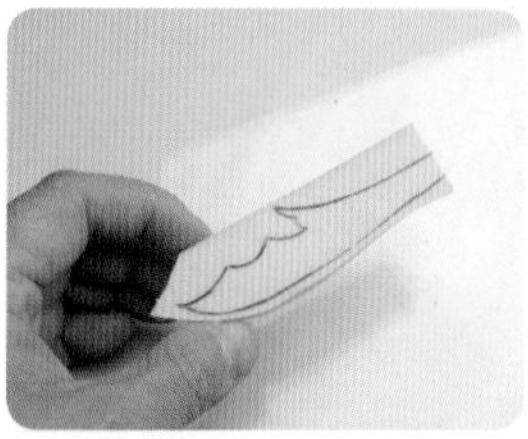
81 画出刀样

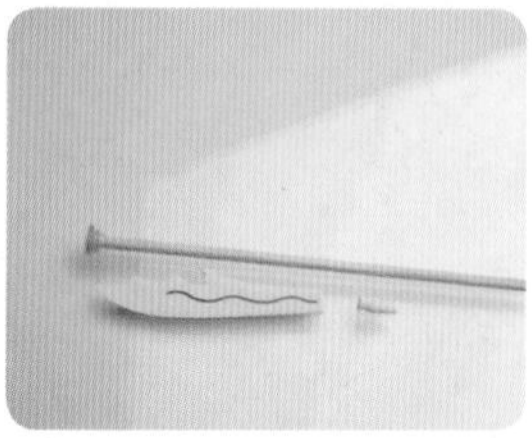
82 准备粘接

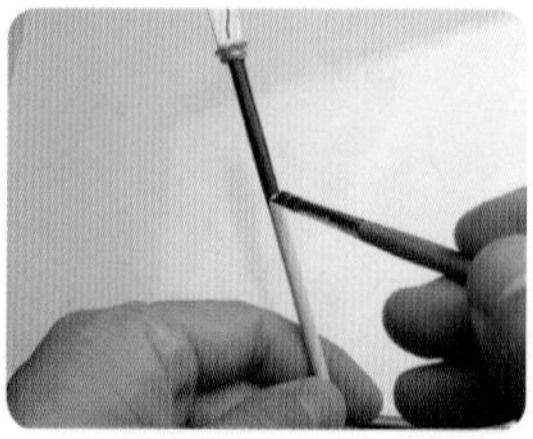
83 涂黑完成

孙悟空

1 取肉色面团搓椭圆状

2 将面团放在棒子上，捏出倒水滴形

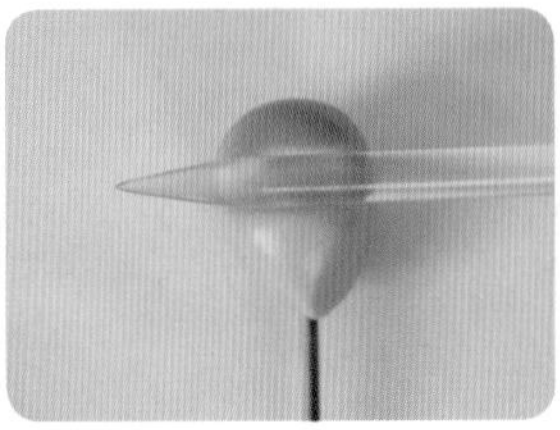
3 用扦子压出眼眶

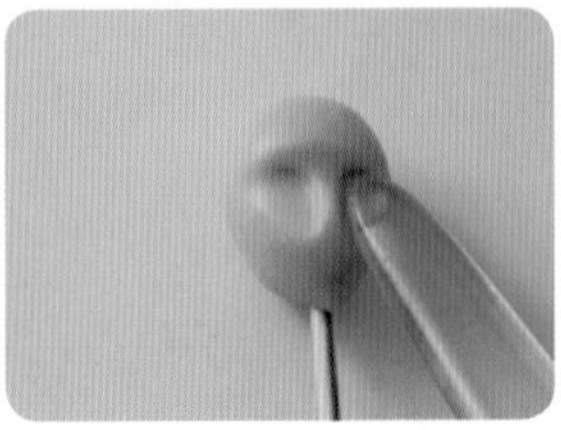
4 用1号主刀开出鼻梁

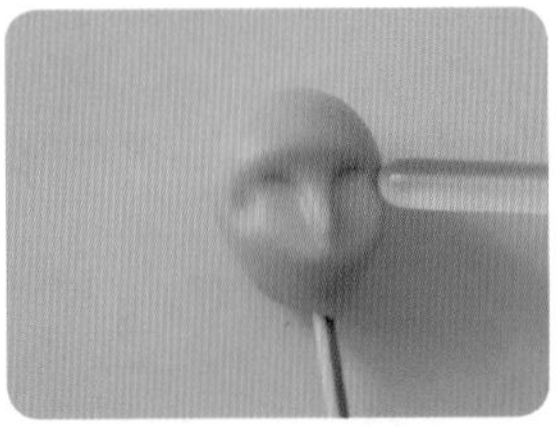
5 用扦子定出眼睛的宽度

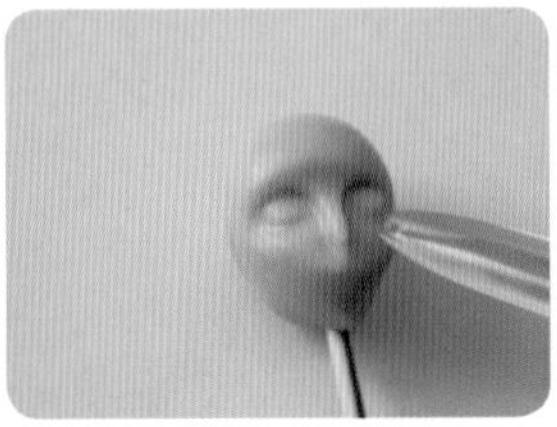
6 用1号主刀开出眼窝

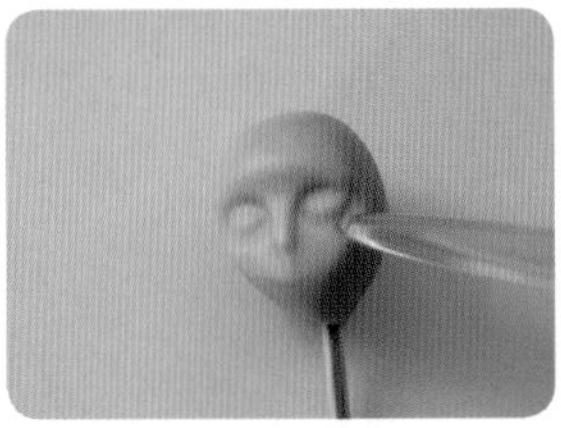
7 用2号主刀加深眼窝

8 用扦子定出嘴的宽度

9 用开眼刀开出上嘴唇

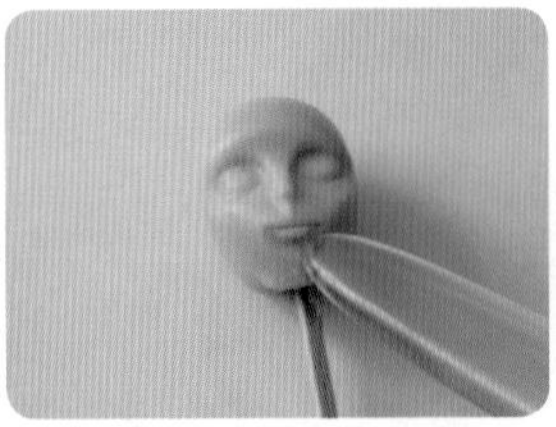
10 用1号主刀压出下嘴唇

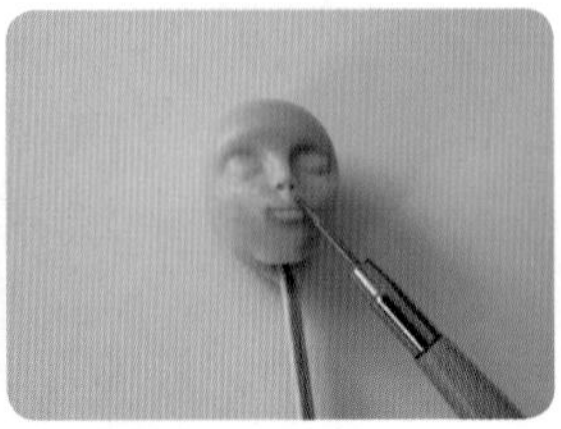
11 用球刀挑出鼻孔

12 用扦子确定眼的宽度

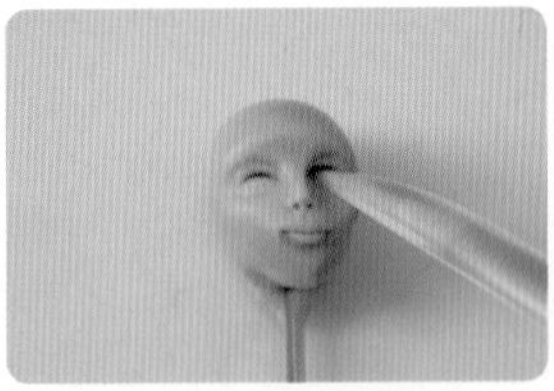
13 用开眼刀开出上眼皮

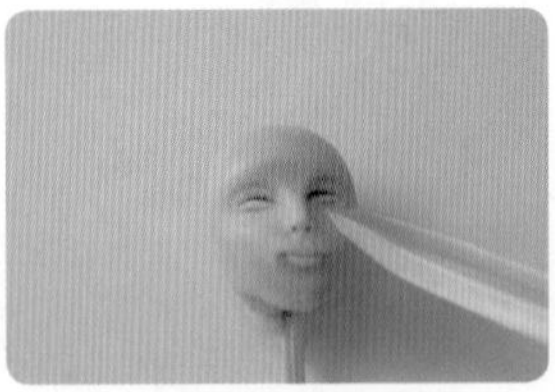
14 用开眼刀开出下眼皮

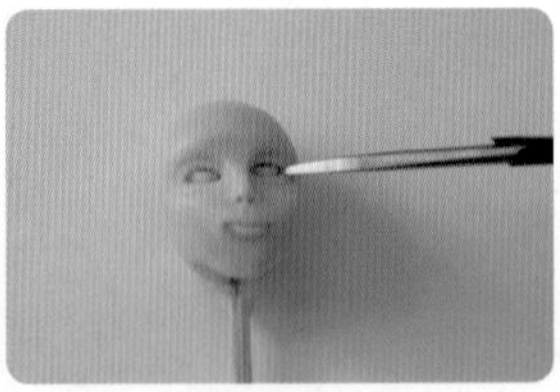
15 用小开眼刀开出眼球的轮廓

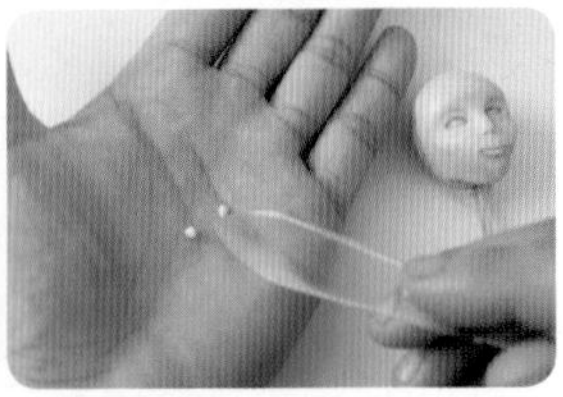
16 取白色面团做出两个小球做眼白

17 将眼白放入眼眶中

18 取仿真眼放在眼白上

19 修出眼睑

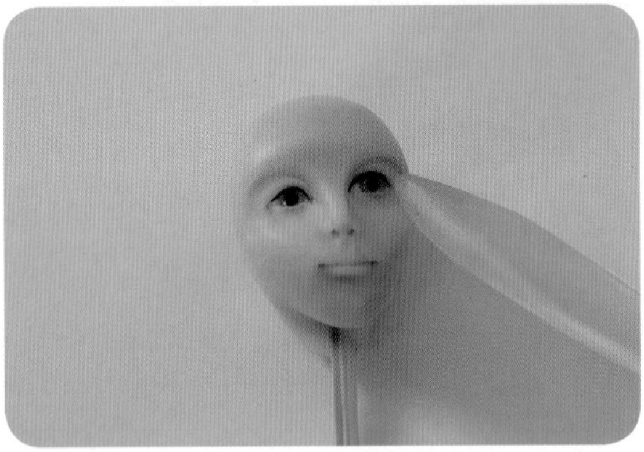
20 用开眼刀开出双眼皮，并粘上眼睫毛

21 取黄色面团粘在头部，用刀划出毛发

22 取黄色面团做出耳朵

23 取黄色面团做出帽子粘在头顶

24 装饰帽子

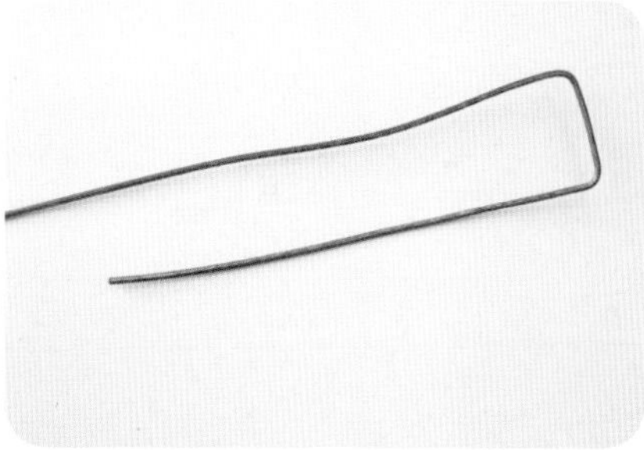

25 取一根钢丝准备做出身体大形准备

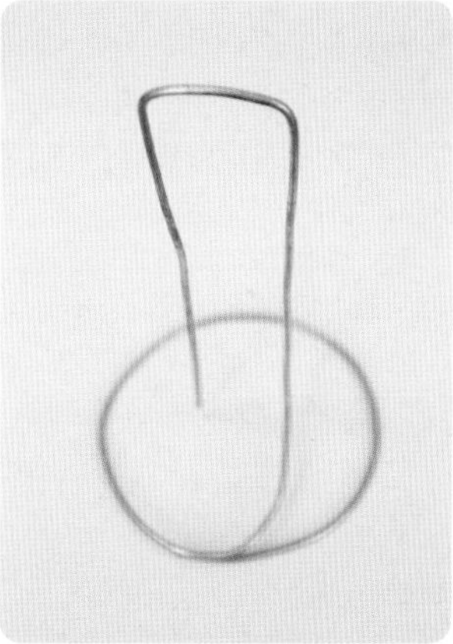

26 用钢丝做出身体大形

27 继续做出身体大形

28 将做好的头部放在铁丝支架上

29 用面团在支架上塑出身子

30 取黄色面团压出薄片，做裤子、衣服和袖子

31 将薄片粘在左腿上，整理纹路

32 左右两边的裤子做完成

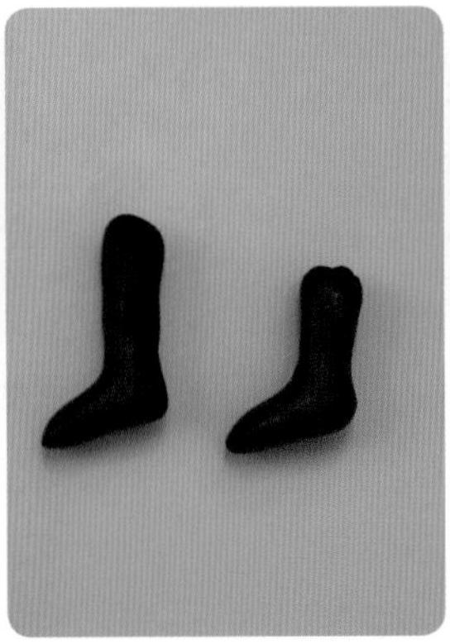
33 用黑色面团做出两只靴子

34 将做好的靴子装在腿上

35 取黄色薄片粘在身上做成衣服

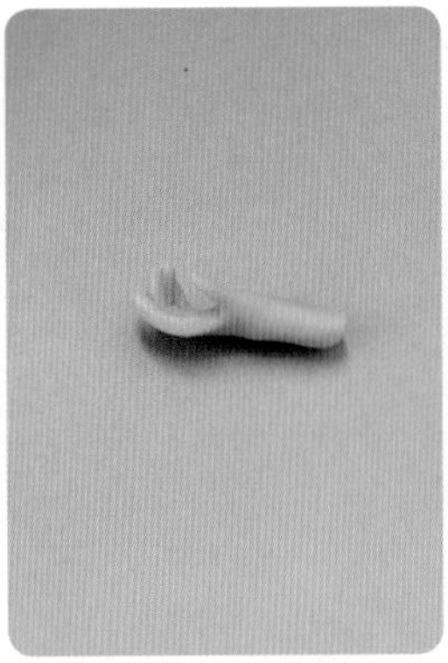
36 取肉色面团做出手

37 将做好的手装在手臂上

38 取黄色薄片粘在手臂上，做出袖子

39 取黄色薄片粘在下身，做成裙子

40 取黑色面团做出围巾、衣领、腰带粘在身上

41 做出僧帽的丝带，装在头部

42 做出金箍棒装在手上

猪八戒

1 取肉色面团做出头部大形

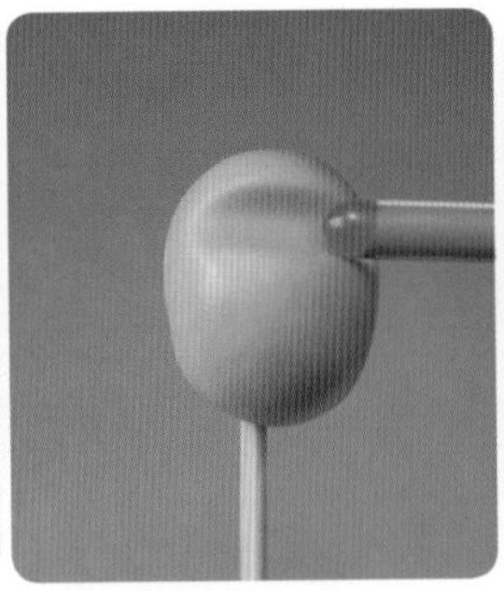
2 压出眼睛大形

3 压出鼻子大形

4 开出嘴的大形

5 做出脸部的褶皱

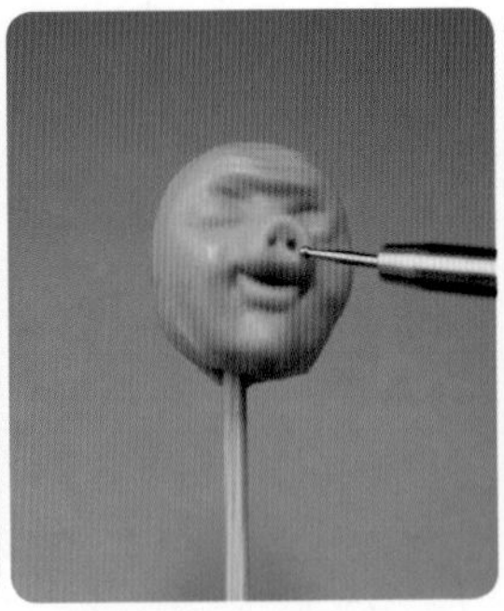
6 挑出鼻孔

7 做出眼睛

8 将眼睫毛和眉毛粘上

9 修饰嘴唇

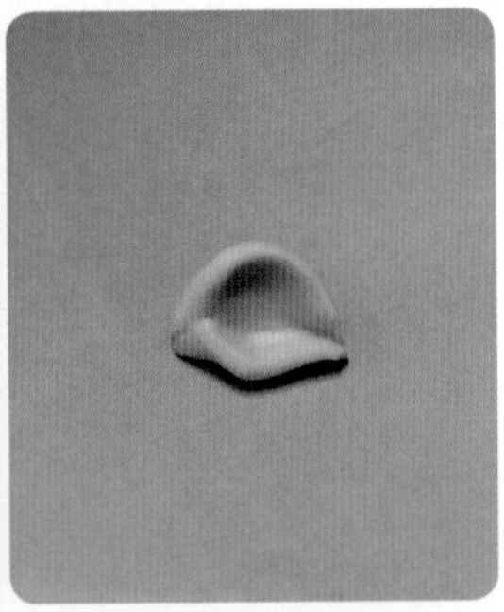
10 取肉色面团做出猪耳朵

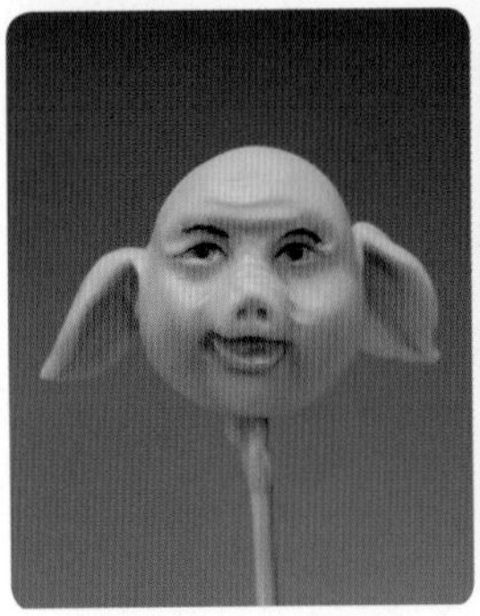
11 将两只耳朵装在头部

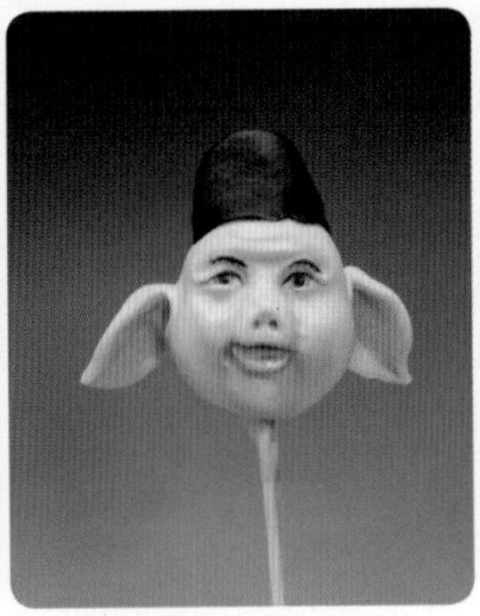
12 取黑色面团做出帽子，装在头顶

13 做出戒箍

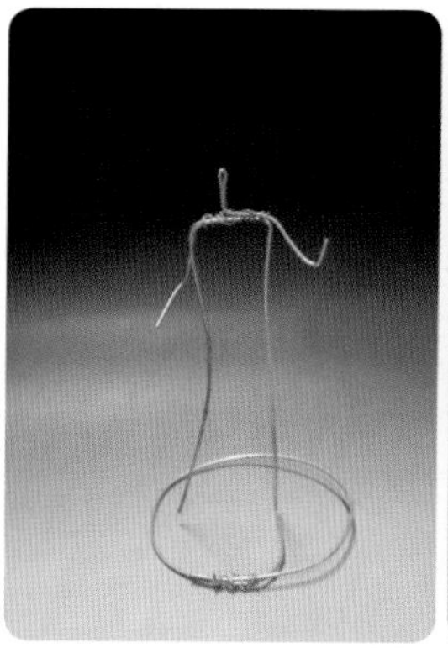

14 用铁丝做出身体的支架

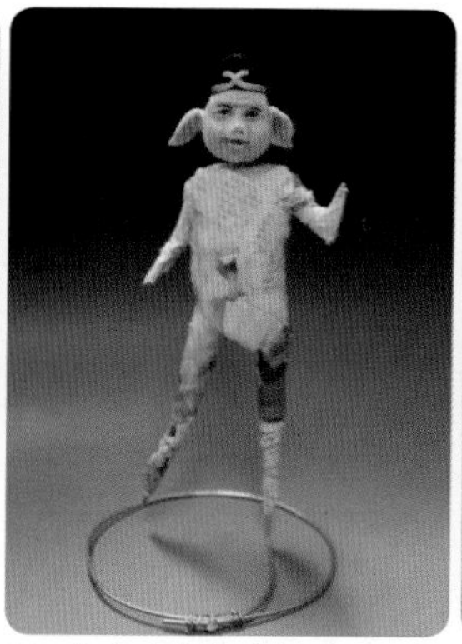

15 将头安装在支架上，并用报纸垫底

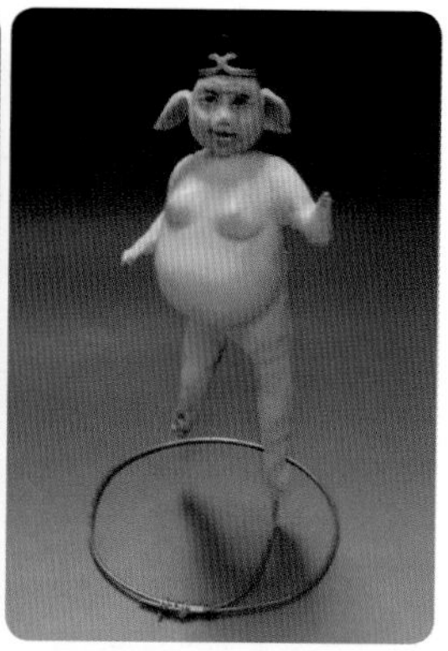

16 用面团将身子塑出来

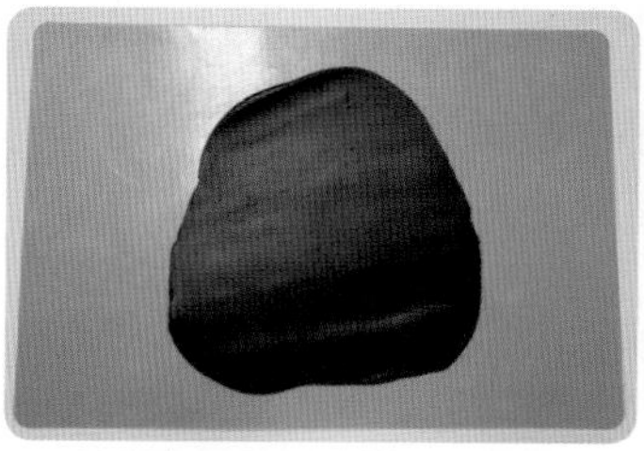

17 取黑色面团压成薄片，用来制作裤子和衣服

18 取黑色面团做出靴子装在腿上

19 取肉色面团做出两只手，装上

20 用黑色薄片做成衣服和袖子，装上

21 取橙色面团做出围巾和腰带，装上

沙僧

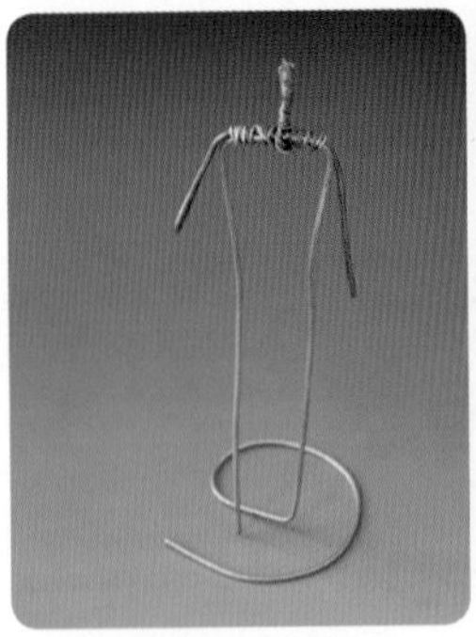

1 用铁丝搭出身体架子

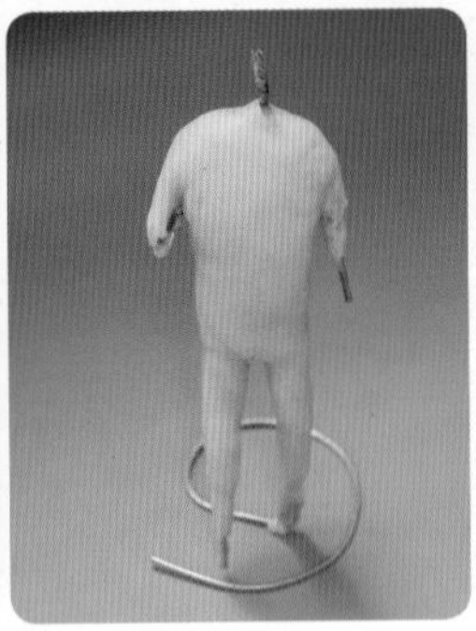

2 塑出身形

3 做出头部大形

4 压出脸部五官轮廓

5 做出五官

6 做出头发和胡须

7 做出头上的戒箍

8 将做好的头装在身体上

9 做出裤子和鞋子

10 做出第一层衣服和双手

11 做出外层衣服和佛珠

12 做出腰带

唐僧

1 用铁丝搭出架子，塑出身形，放在做好的马身上

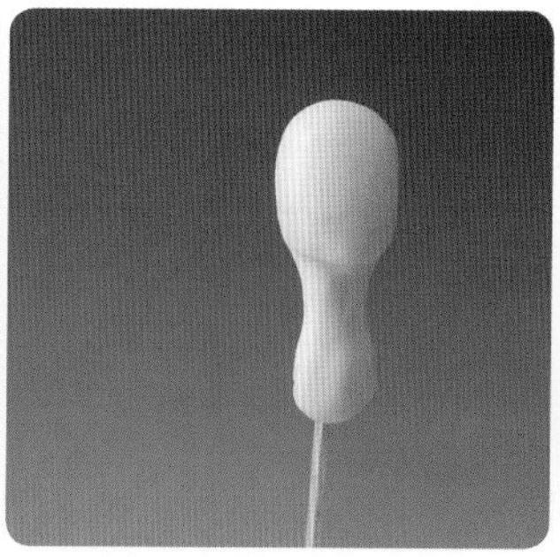

2 取肉色面团做出头部大形

3 做出五官

4 做出头部僧帽

5 将做好的头装在身体上

6 做出马鞍和僧衣、裤子和鞋子

7 做出袈裟

8 对整体作品做装饰，即可

东方人物肖像

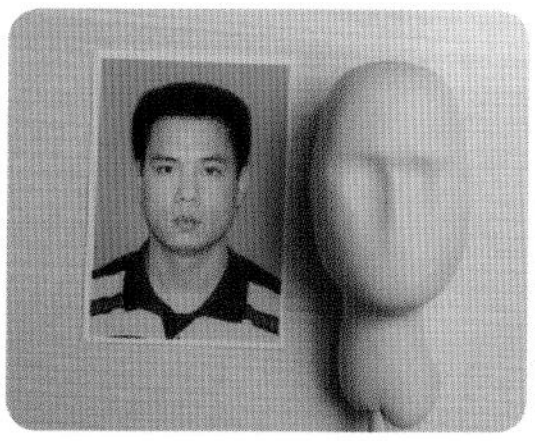
1 塑出外型轮廓

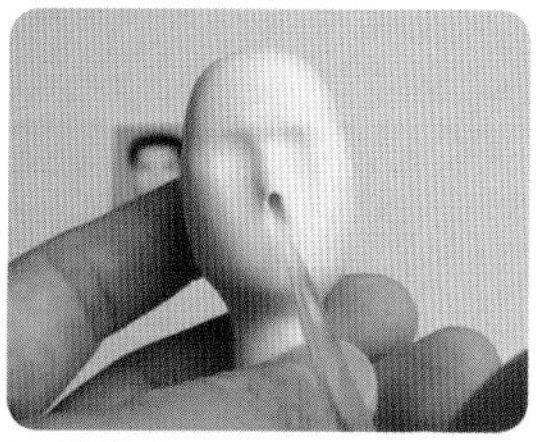
2 挑鼻孔

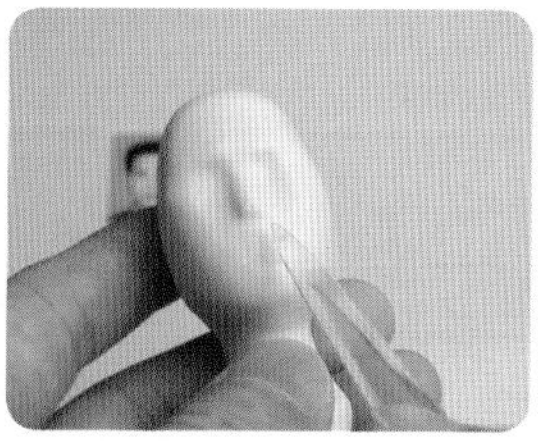
3 填补抹光

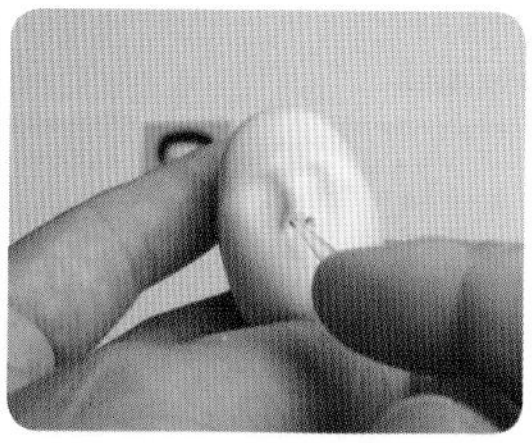
4 挑鼻翼

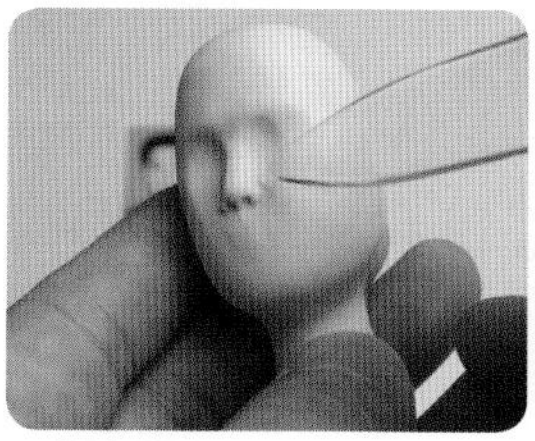
5 塑鼻翼

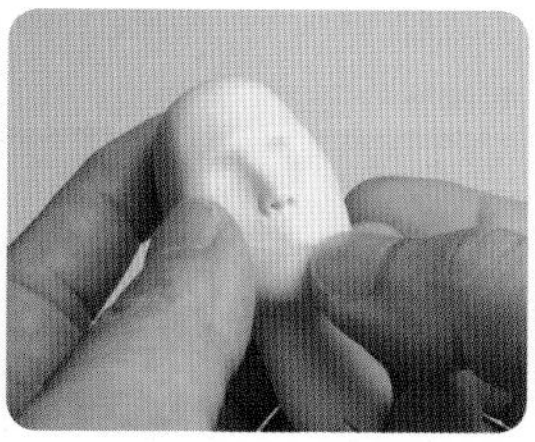
6 捏出下巴

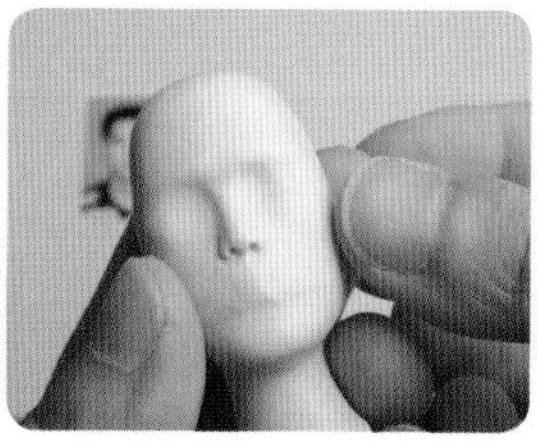
7 捏出面部轮廓

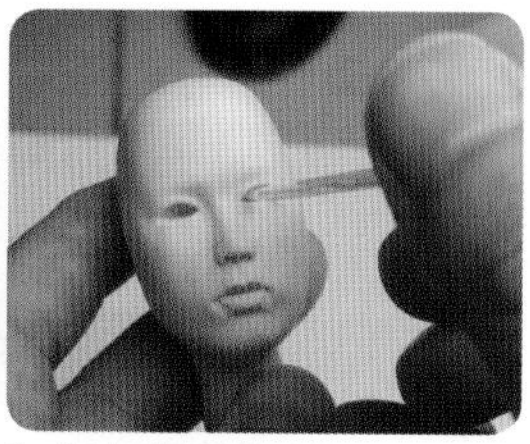
8 塑出嘴型后开眼

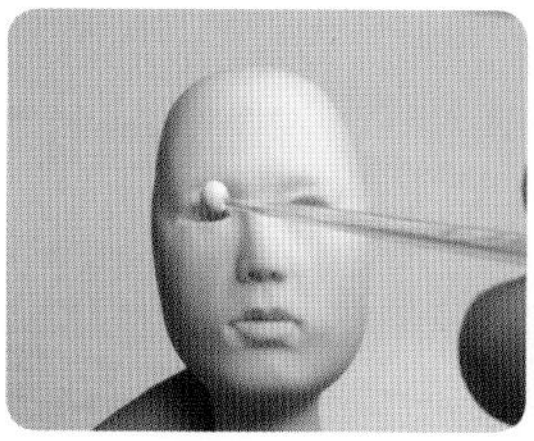
9 填白眼球儿

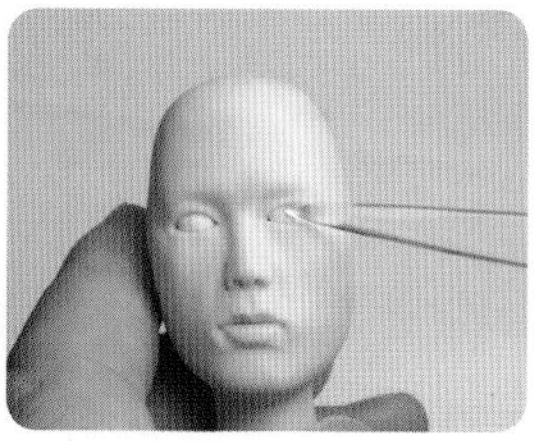
10 将白眼球儿修圆

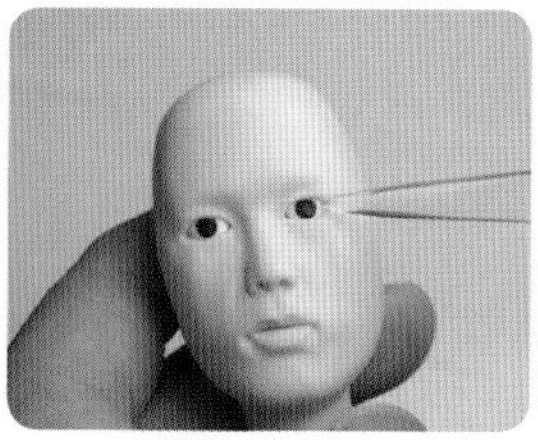
11 镶黑眼珠儿

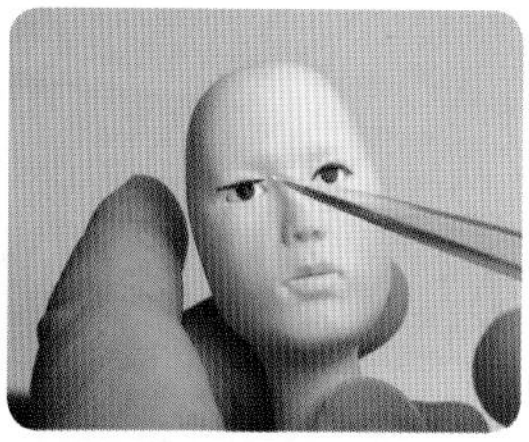
12 贴睫毛

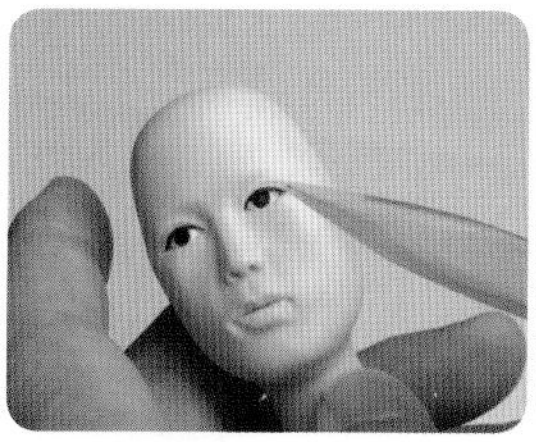
13 切双眼皮

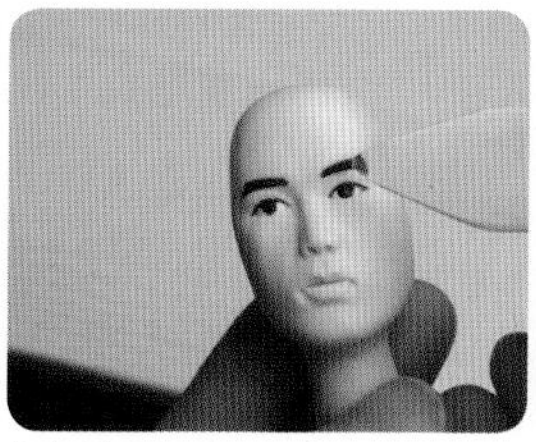
14 贴眉毛

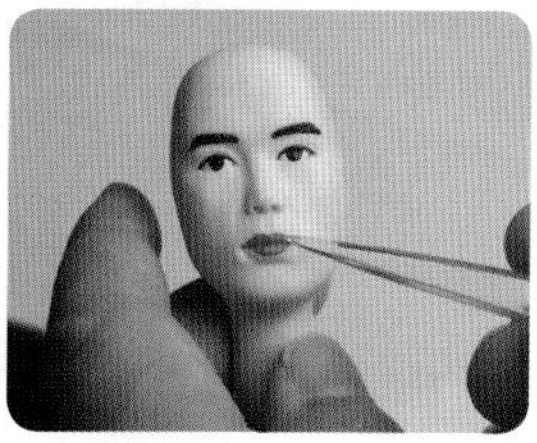
15 贴嘴唇

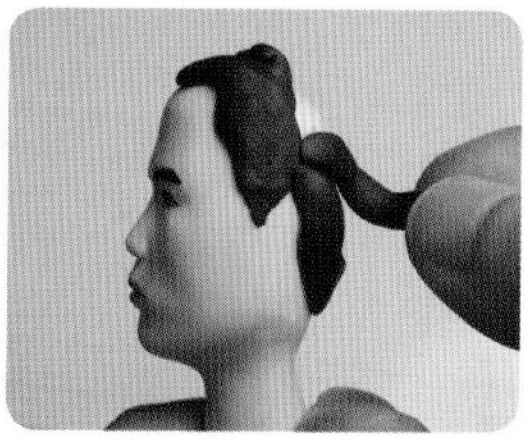
16 贴头发

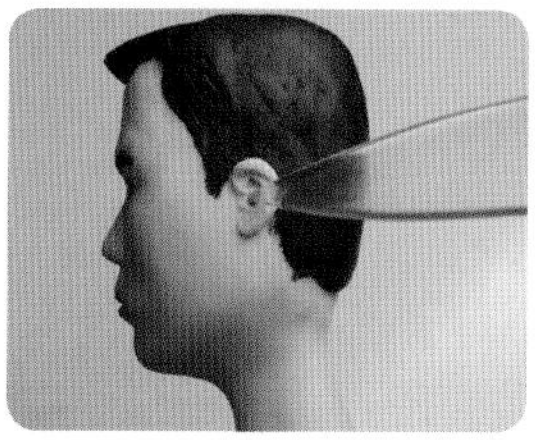
17 塑耳朵

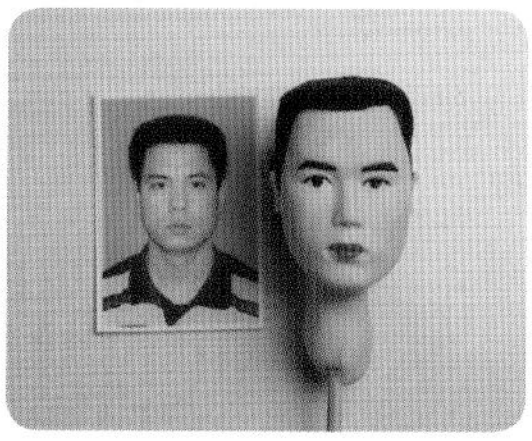
18 对照

西方人物肖像

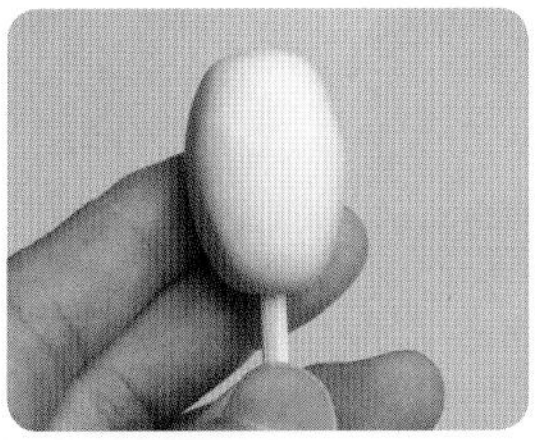
1 做出头部形状

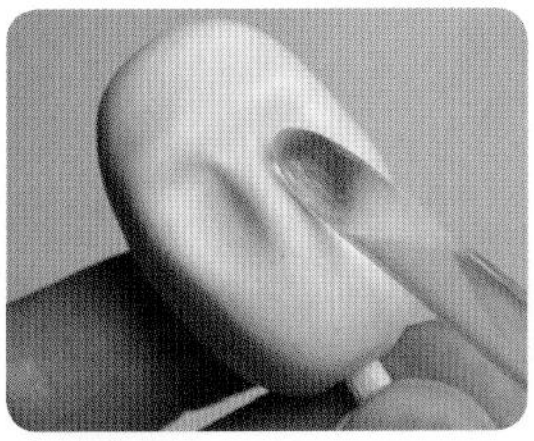
2 挤鼻子

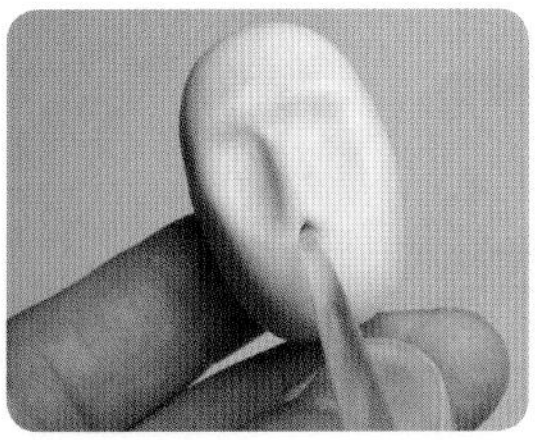
3 挑鼻孔

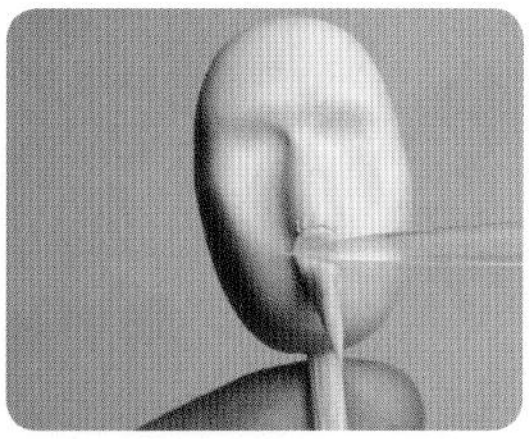
4 填补鼻子

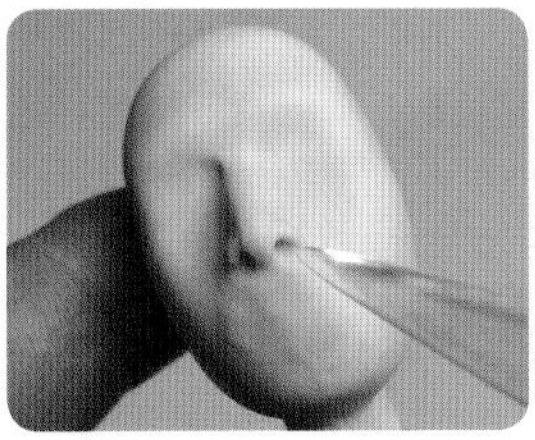
5 挑鼻翼

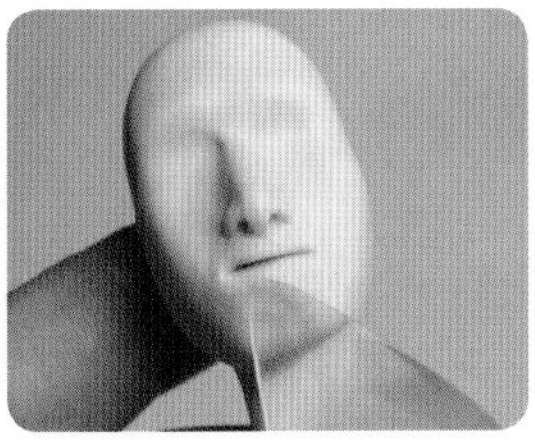
6 做出嘴

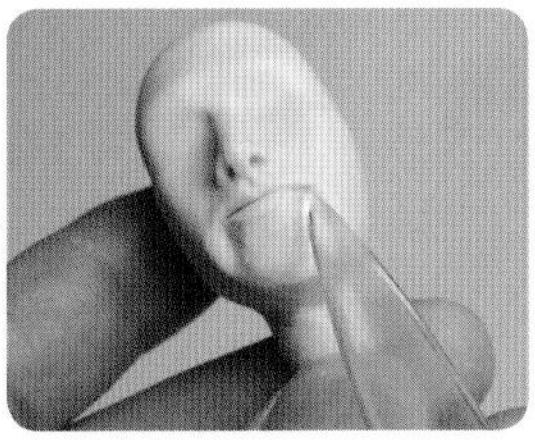
7 做出下巴

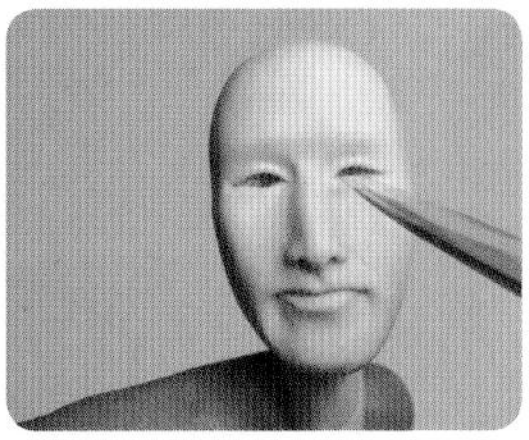
8 开眼

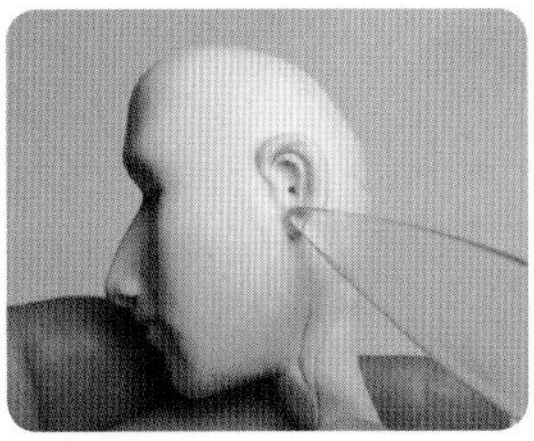
9 做耳朵

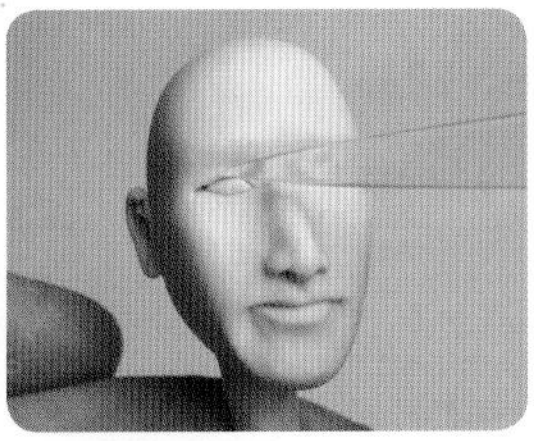
10 镶白眼球儿

11 贴眼底

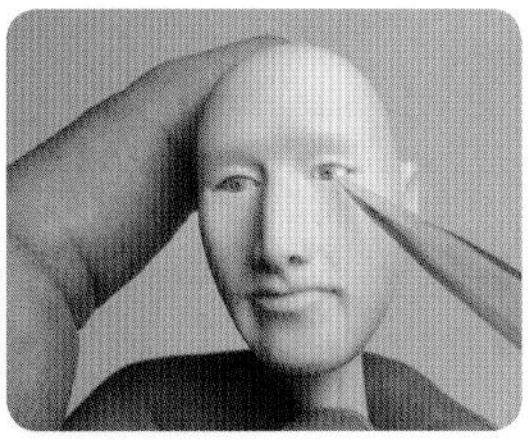
12 镶黑眼珠儿

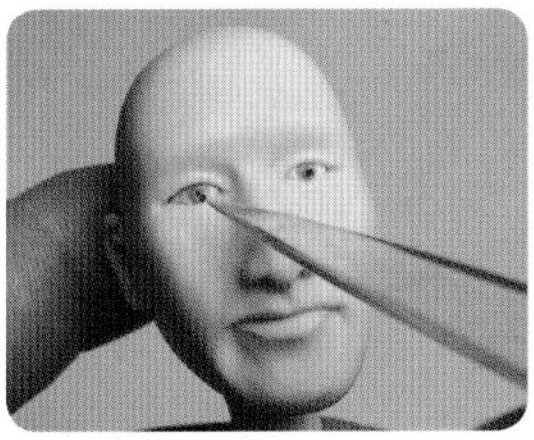
13 镶眼珠

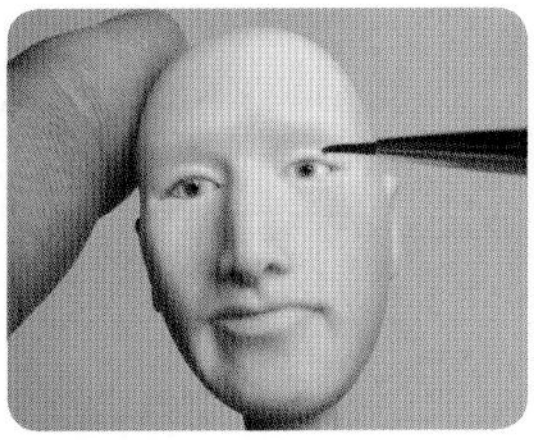
14 刷亮油

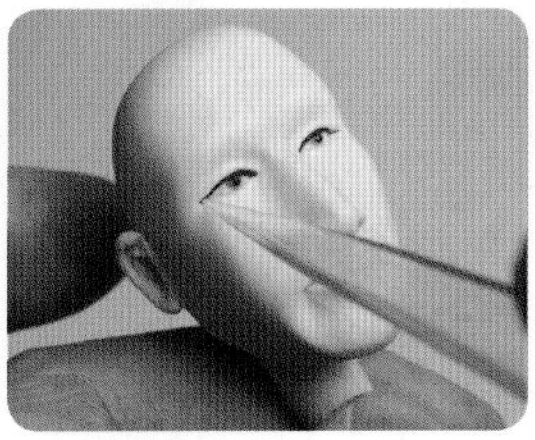
15 贴睫毛

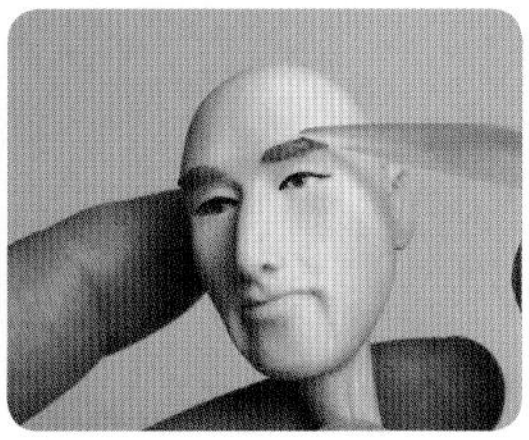
16 做眉毛

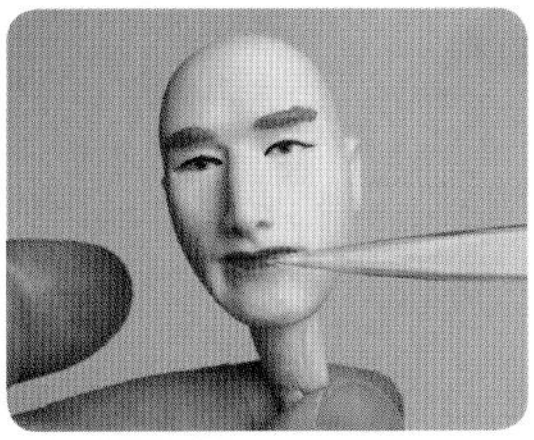
17 做红嘴唇

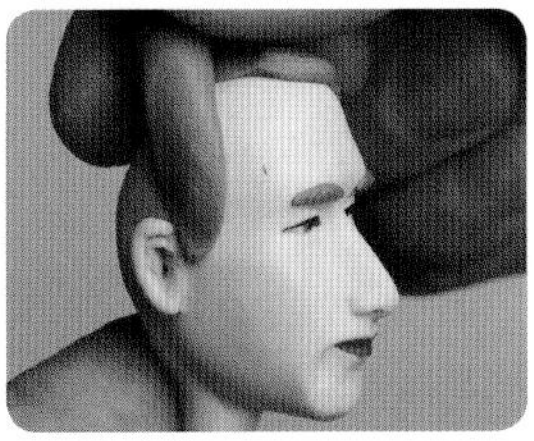
18 做头发

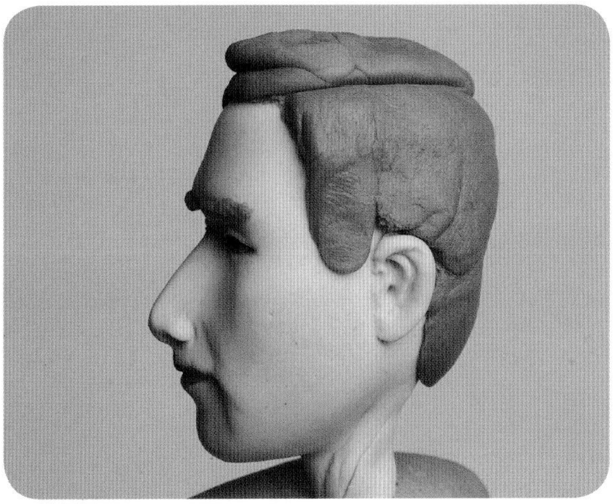
19 修理头型完成

面塑

作品欣赏

花卉

刺梅

无题

荷韵

康乃馨

月月红

十二生肖（卡通造型）

卡通鼠

卡通牛

卡通虎

卡通兔

卡通龙

卡通蛇

卡通马

卡通羊

卡通猴

卡通鸡

卡通狗

卡通猪

人物

1 京剧

三岔口

断桥

2 少数民族

傣族

赫哲族

3 成语故事

掩耳盗铃

铁杵磨成针

4 寓言故事

龟兔赛跑（一）

龟兔赛跑（二）

龟兔赛跑（三）

东郭先生

5 唐诗

回乡偶书

游子吟

捏面人

私塾

7 外国人物

丘比特

非洲女孩

圣诞老人

8 貂蝉

貂蝉

晨曲

晨曲

10 招财进宝　万事如意

招财进宝　万事如意

11 鲁智深、酒鬼

鲁智深

酒鬼

12 福禄寿、弥勒佛

福禄寿

弥勒佛

13 威武关公

威武关公

⑭ 蚌仙

蚌仙

⑮ 牡丹仙子、洛神

牡丹仙子

洛神

敦煌飞天

17 四季花仙

四季花仙

八仙过海

19 嫦娥奔月

嫦娥奔月

20 金陵十二钗

元春

宝钗

黛玉

李纨

妙玉

巧姐

秦可卿

探春

王熙凤

惜春

迎春

史湘云

九龙

龙戏珠

雄风龙

龙探宝

龙摆尾

龙回首

威风龙

龙夺宝

龙腾达

龙昂首

十八罗汉（微雕）

座鹿罗汉

长眉罗汉

持杖罗汉

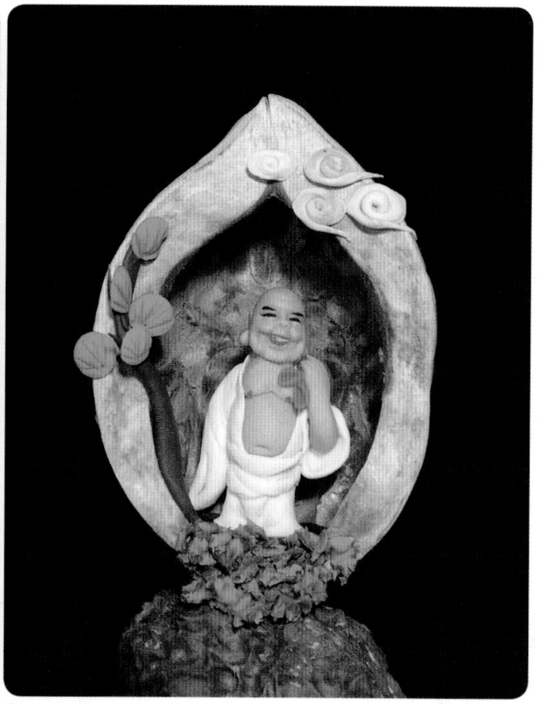

大肚罗汉

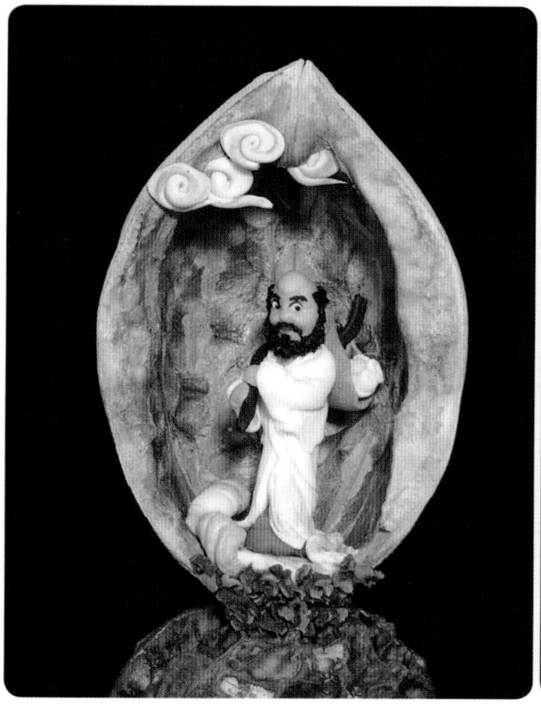

渡江罗汉

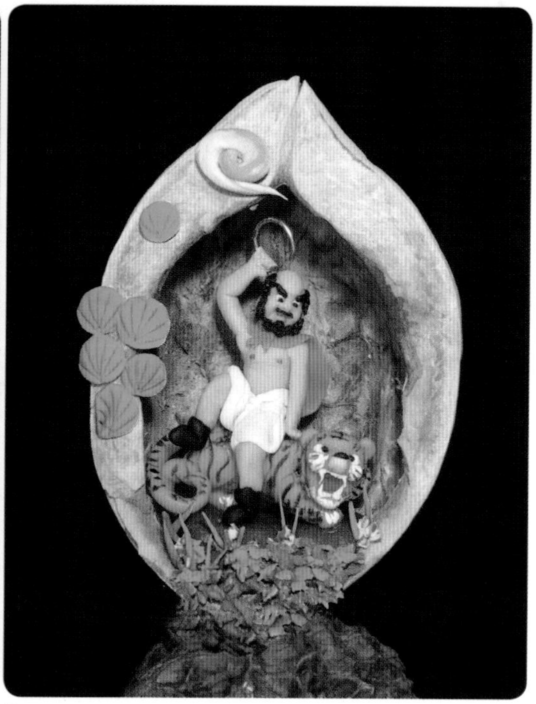

伏虎罗汉

拂尘罗汉

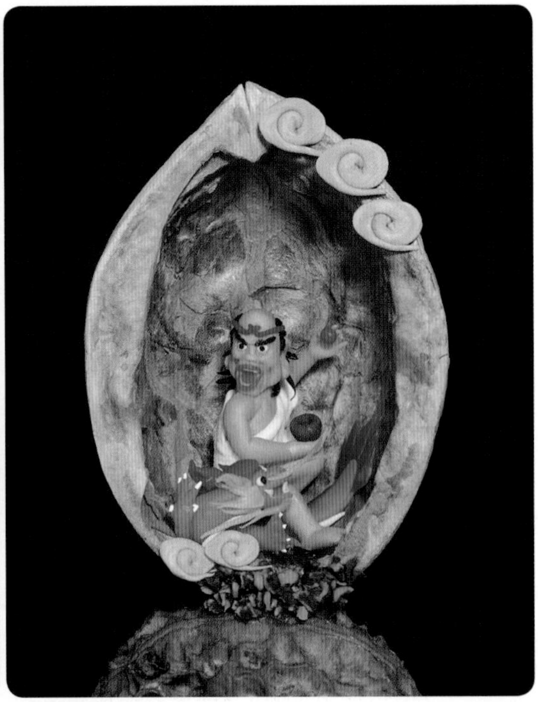
降龙罗汉

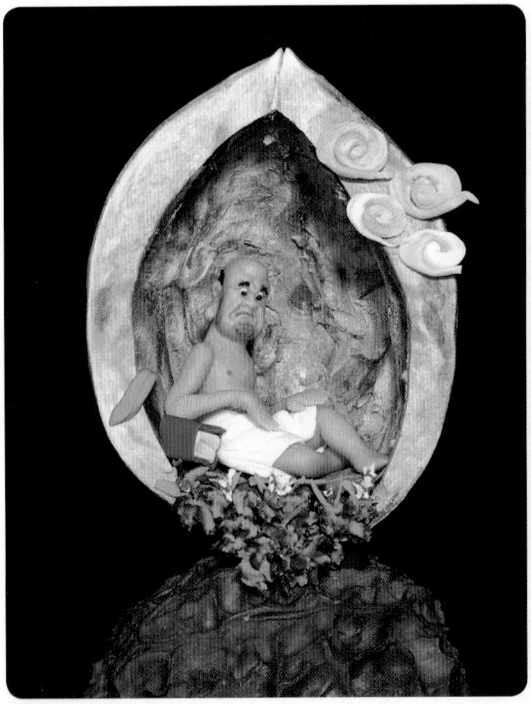
蕉叶罗汉

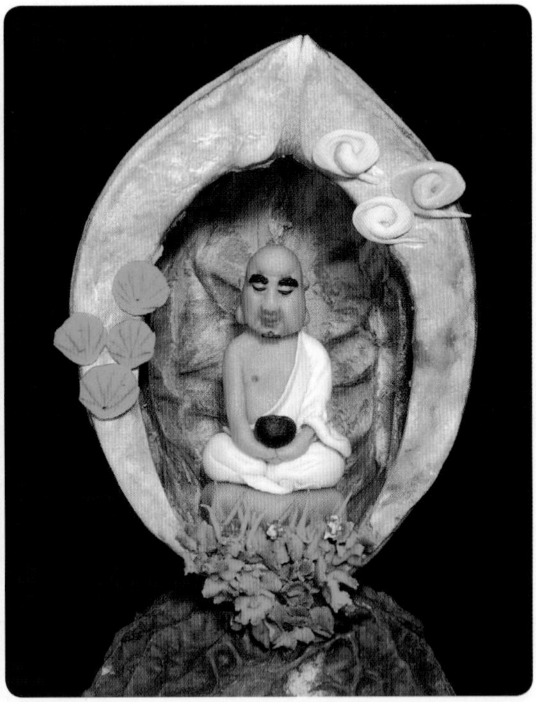
静思罗汉

举钵罗汉

开心罗汉

骑象罗汉

探手罗汉

托塔罗汉

挖耳罗汉

戏狮罗汉

醉罗汉

花生婴儿（微雕）

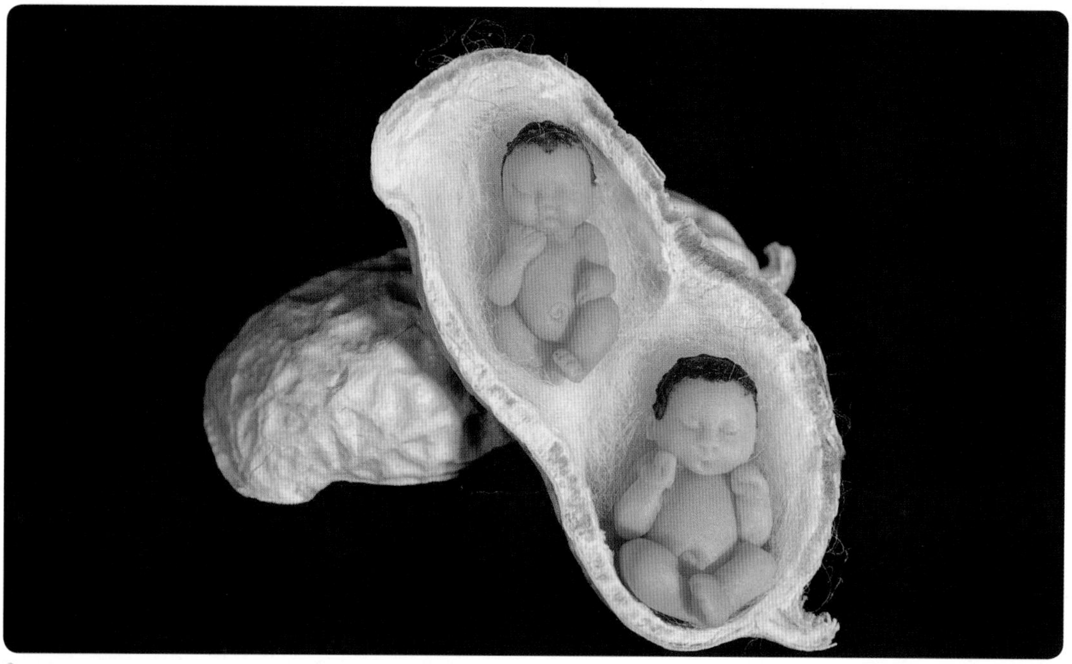

花生婴儿

仿翡翠白菜

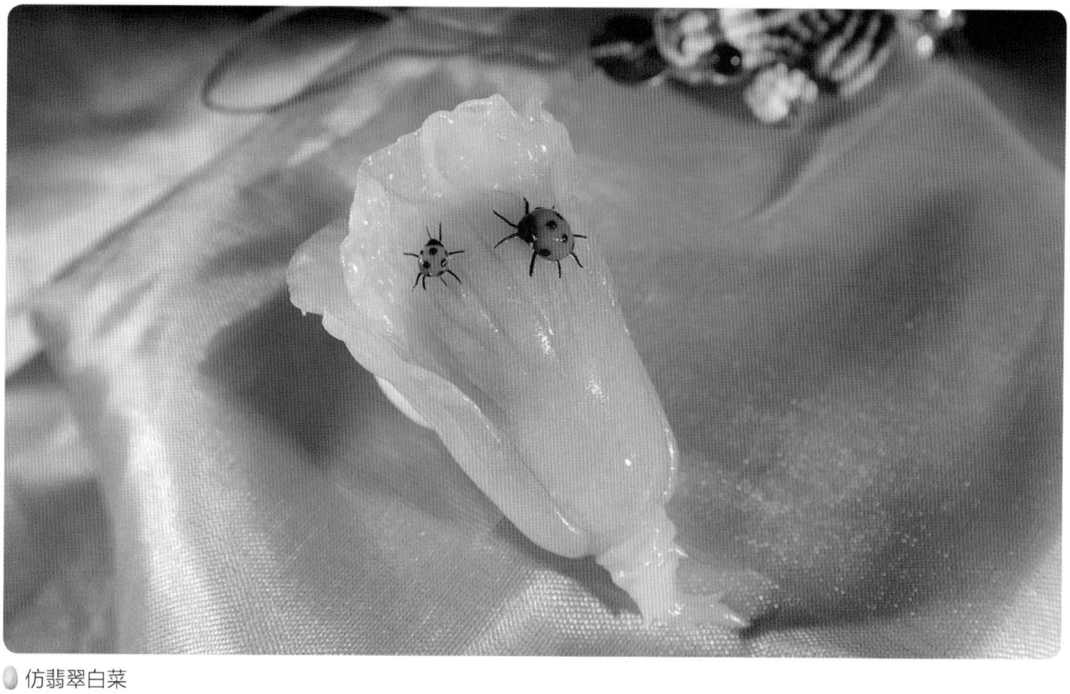

仿翡翠白菜

仿玛瑙

玛瑙串珠

仿玉雕

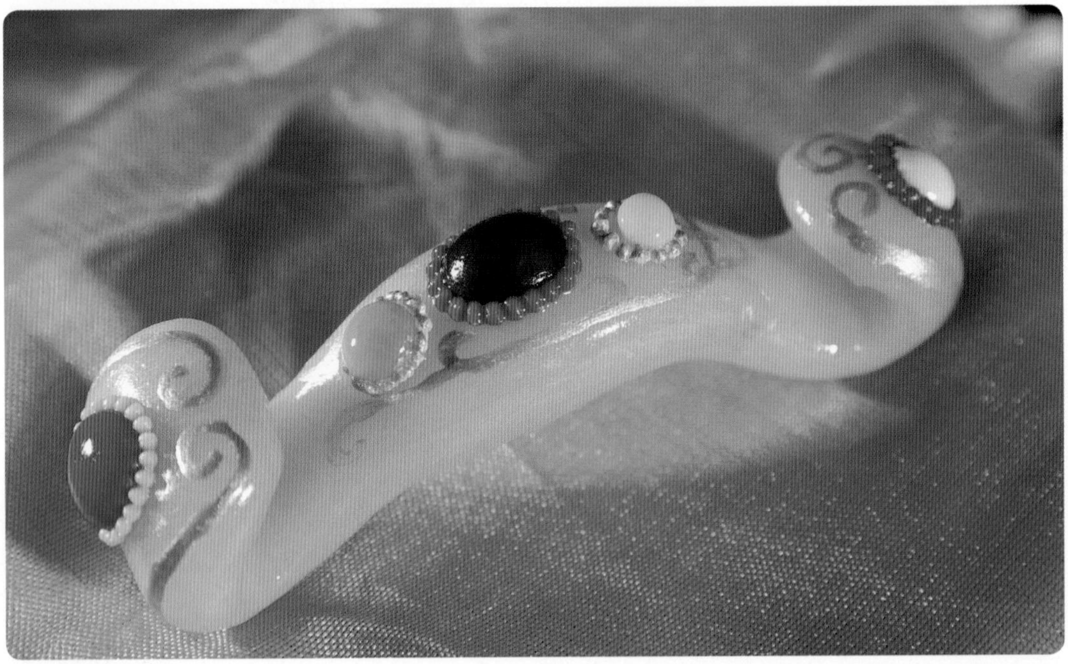

玉如意

仿象牙雕

刘海戏蟾

仿漆雕

仿漆雕

西天取经

西游记

秋翁遇仙记

秋翁遇仙记

长空舞

长空舞

附录

人体比例常识——头部

1 透视

头部五官按照基础绘画常识定为3庭5眼，3庭就是头部的上、中、下3部分，5眼就是整个面部以1只眼睛为单位横排。如下图：

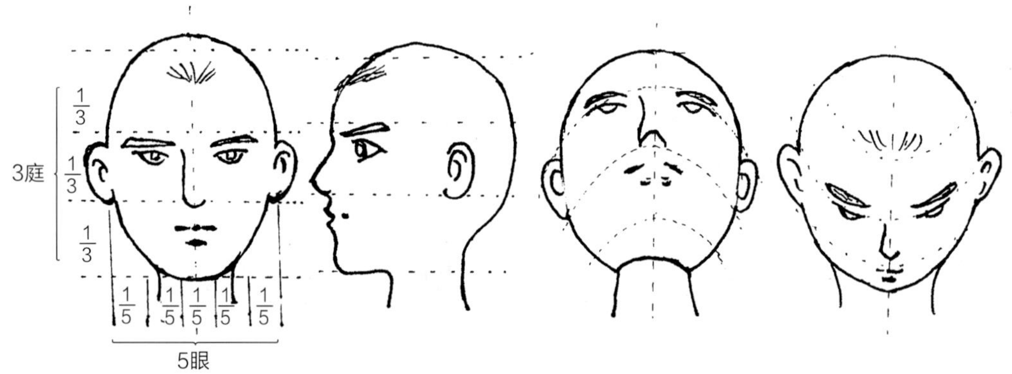

正面　　侧面　　仰面　　俯面

2 中线

中线是用来区分各年龄段面部五官的位置（以眼睛为准）。

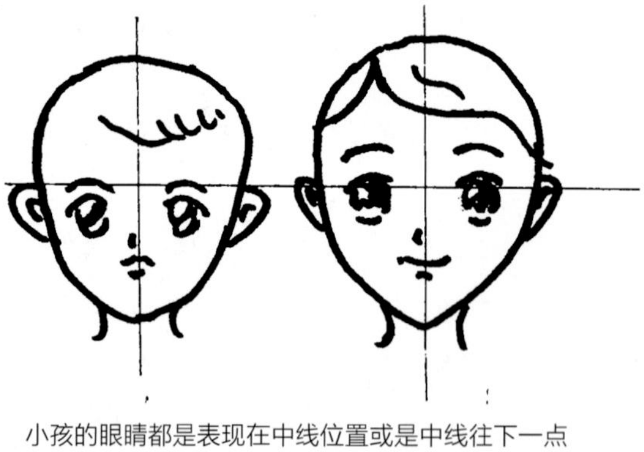

小孩的眼睛都是表现在中线位置或是中线往下一点

青年的眼睛表现在中线上面或紧靠中线

中年人的眼睛表现在中线上方

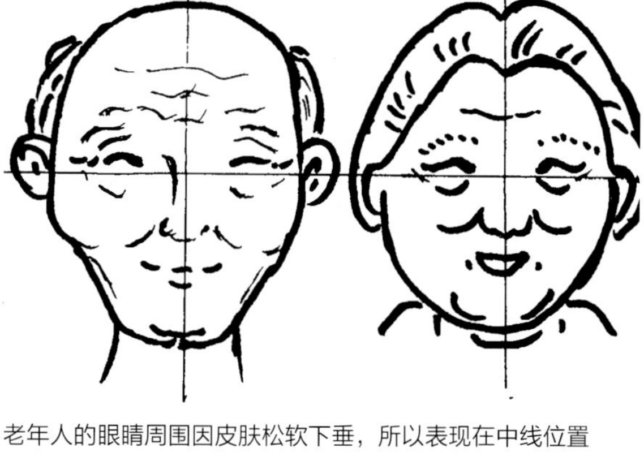

老年人的眼睛周围因皮肤松软下垂，所以表现在中线位置

人体比例常识——全身

人体比例的计算，以“头”为基本单位。美术里有句术语描述人体（成年人）比例的站七坐五、蹲三半，就是人体站着是七个头高、坐着是五个头高、蹲着是三个半头高，小孩是四个头高，老人是六个半头高，如下图：

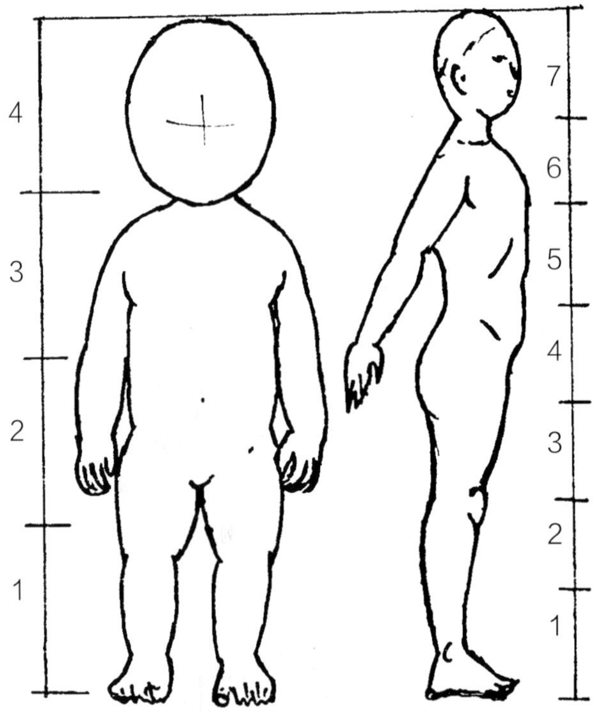

小孩和成年人的比例

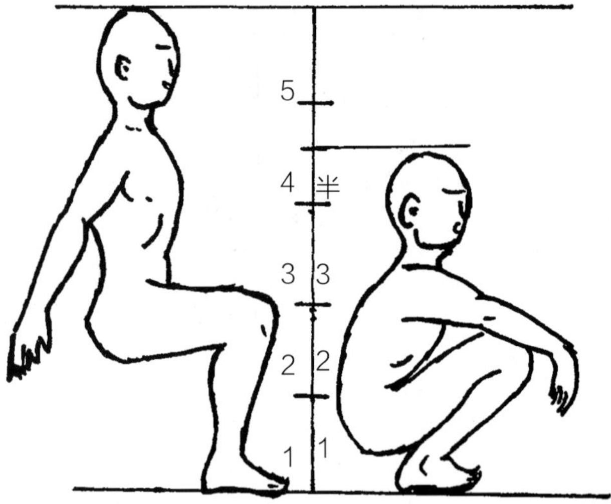

成年人坐着和蹲着的比例

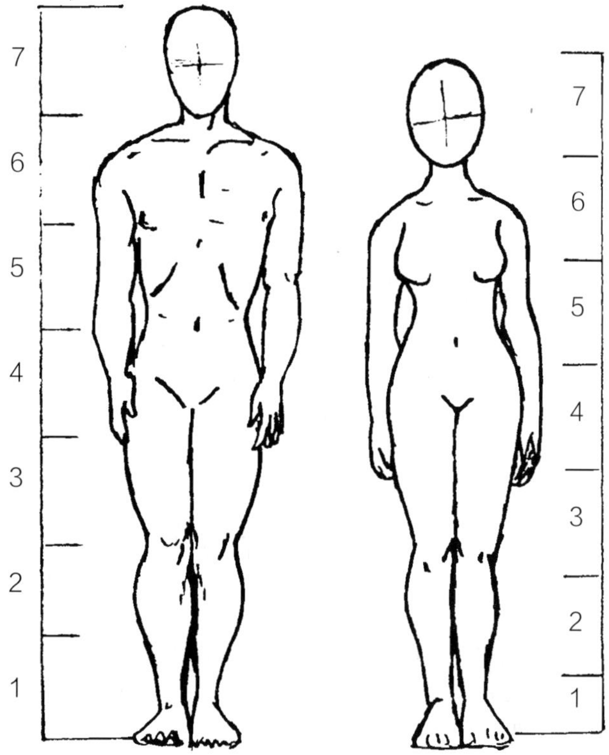

成年男、女的比例

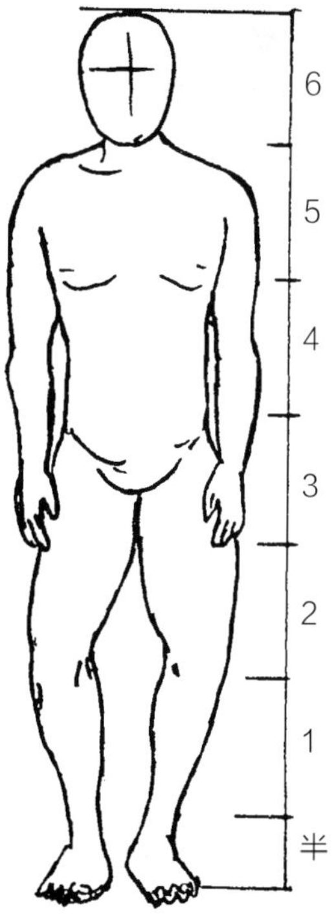

老人的比例

人物面部的各种表情

享乐

愉快

高兴

大笑

厌恶

惊怕

傲慢

回忆

担心

恐惧

怀疑

生气